电网工程邻避问题分析与对策

主　编　郭江华

副主编　蔡　萱　王　娟

编　委　郭江华　蔡　萱　王　娟　丁雅倩　郭一兵
陈　涛　陈　曦　刘　涛　王　勇　朱江平
刘绍银　高　俊　龚　源　李　伟　迟　沁
黄　丰　董幼林　郭红岩　李　辉　方振锋
蔡　林　皮江红　杨春玲　张雨成　段金虎

WUHAN UNIVERSITY PRESS
武汉大学出版社

图书在版编目(CIP)数据

电网工程邻避问题分析与对策/郭江华主编 .—武汉：武汉大学出版社,2019.4

ISBN 978-7-307-20822-3

Ⅰ.电… Ⅱ.郭… Ⅲ.电网—电力工程—工程施工—环境影响—研究 Ⅳ.①TM727 ②X820.3

中国版本图书馆 CIP 数据核字(2019)第 055244 号

责任编辑:任仕元　　责任校对:汪欣怡　　版式设计:马　佳

出版发行：**武汉大学出版社** (430072 武昌 珞珈山)

(电子邮箱：cbs22@ whu.edu.cn 网址：www.wdp. com.cn)

印刷:湖北金海印务有限公司

开本:720×1000 1/16 印张:15.5 字数:223 千字 插页:1

版次:2019 年 4 月第 1 版 2019 年 4 月第 1 次印刷

ISBN 978-7-307-20822-3 定价:45. 00 元

前　言

随着我国经济社会的快速发展，电力需求持续增长，电网在保障能源供应、促进节能减排中的作用日益突出。为此，国家电网公司确立了以构建“三华”同步电网为中心，加快建设以特高压电网为骨干网架、各级电网协调发展的国家电网，促进能源在更大范围内优化配置的电网发展目标。自“十二五”开始，一批交、直流特高压项目陆续开工建设。然而，在我国部分地区，电网工程邻避效应明显，环保纠纷有逐年增长的趋势，公众过度维权、电网建设受阻等现象时有发生，对电网的发展和建设造成了影响。为贯彻十九大精神，实现人民群众日益增长的美好生活需要，顺利推进电网工程的建设，亟须建立电网工程邻避效应的长效治理机制。

本书结合中国国情，选择电网工程的典型案例作为分析对象，探索电网工程的规划与建设需要解决的主要问题和成因以及解决问题的基本路径。通过对电网工程规划与建设的邻避效应的研究，并结合实际情况，提出解决电网工程建设邻避问题的可行性路径。

通过对国内外邻避效应的深入研究，本书主要采用了社会调研法、案例分析法、数学模型法三种方法，分析由电网工程引发的邻避效应事件的典型案例以及邻避效应风险模型与邻避效应各个利益主体之间的关系，研究如何在有关利益主体之间建立新型沟通机制，有效解决电网工程环境管理纠纷，力争达到全社会公共利益最大化，解决人民群众日益增长的美好生活需要和邻避设施建设发展之间的矛盾。

通过对湖北省内外 9 个案例的详细调查研究，对电网工程邻避效应风险进行分析，总结出了环境管理部门、电网公司、公众、相关科学标准的模糊性、法律法规的变化等多个风险源，在应对邻避效应问题上应重点关注这些风险源。

通过建立电网工程邻避效应风险模型，简化、量化了邻避效应问题。从数学角度，利用调查研究得出的数据，可以对电网工程邻避风险进行评估，简单有效。同时也为后续应对机制的建立奠定了基础。在如何实现邻避设施的“环境友好、公众接受”这一目标上，重点考虑从信息公开的沟通机制、新媒体的创新型沟通机制、全寿期的公众参与机制这三种机制入手。

最后，结合社会调研法、案例分析法、数学模型法，提出了电网工程邻避效应解决方案，包括：①应对邻避风险的“环境友好”解决方案；②电网工程“公众接受”的解决方案。

本书在以下几个方面进行了研究探索。

（1）将社会调研法、案例分析法、数学模型法三种方法结合起来，对邻避效应问题各个突破，抓住主要矛盾，揪出风险源，实现对邻避效应的本质探究。

（2）将邻避事件融入数学模型，简化问题，易于掌握重点，提前预估风险，明确措施的责任主体和配合单位。

（3）解决方案的创新探究。本书从电网工程的规划前期开始就提出邻避效应的应对方案，直至设计施工阶段及验收调试结束，保证全过程参与。同时该方案对各个领域邻避效应问题的解决也具有指导意义。

本书在编写过程中得到了湖北省生态环境厅、国网湖北省电力有限公司等单位和同行们的指导与大力支持。其中，武汉大学郭江华、蔡林、丁雅倩等，湖北省核与辐射环境监测技术中心王娟，国网湖北省电力科学研究院蔡萱、郭一兵、刘绍银，国网湖北省经济技术研究院陈涛、陈曦，武汉市辐射和危险固体废物污染防治管理中心龚源、李伟、迟沁、黄丰，黄冈市辐射环境监督站刘涛，国网武汉供电公司王勇，国网荆州供电公司朱江平，国网黄冈供电公司董幼林，湖北华昱天辰环保节能科技股份有限公司郭红岩，湖北华中电力科技开发有限责任公司高俊，湖北安源安全环保科技有限公司李辉、皮江红、段金虎，湖北君邦环境技术有限责任公司方振锋、杨春玲、张雨成等分别参与了部分章节的编写工作。本书在编写过程中参考了大量书籍及文献资料，在此谨向提供资料的作者和给予帮助的同行表示感谢。

限于我们的学识水平，书中不足之处在所难免，深切希望使用本书的兄弟院校师生及各研究、设计和生产与管理单位的广大读者、专家学者不吝批评指正。

作者

2018 年 11 月于武汉大学

目　　录

第1章　邻避效应

1.1　研究概述

电能是指电以各种形式做功（即产生能量）的能力，是一种既方便又清洁的二次能源。电能作为现代人类生产生活不可或缺的能源之一，被广泛应用在动力、照明、冶金、化学、纺织、通信、机械制造等领域，是科学技术发展、国民经济飞跃的主要动力。随着我国经济社会的快速发展，电力需求持续增长，电网在保障能源供应、促进节能减排中的作用日益突出。推动电网建设的发展，有助于贯彻十九大精神，落实十九大作出的战略部署，促进国民经济更高质量、更有效率、更加公平、更加可持续发展。为此，国家电网公司确立了以构建“三华”同步电网为中心，加快建设以特高压电网为骨干网架、各级电网协调发展的国家电网，促进能源在更大范围内优化配置的电网发展目标。自“十二五”开始，一批交、直流特高压项目陆续开工建设。然而，在我国部分地区，电网工程邻避效应明显，电网环保纠纷有逐年增长的趋势，公众过度维权、电网建设受阻等现象时有发生，对电网的正常发展和特高压工程的建设造成了不良影响。

邻避效应伴随着工业的进步和公民权利意识的觉醒首先在西方发达国家产生，相应地发达国家和地区对邻避效应的科学研究与应对措施也比较成熟。随着全球经济、科技、文化等各方面的交流进一步加强，邻避效应也迎来了它的“全球化时代”。首先在我国的台湾、香港、澳门等地出现了反对邻避设施建设在自家门口的运动。而在我国大陆地区，邻避效应出现较晚，在进入21世纪之后才集中出现，其标志性事件一般认为是 2005 年发生在浙江的“东阳事件”。2010 年以后，我国开始频繁地、大规模地出现邻避冲突。邻避效应的结果多以政府的妥协而结束，或者是项目终止，或者是修改方案。

邻避效应在我国 20 世纪八九十年代没有成为一个大的问题，是因为一方面当时公众的生活水平较低，公众所追求的是衣食住行等基本的生存物质，对良好环境追求的愿望并不强烈，加之我国当时的生态环境总体较好，并没有出现邻避设施对环境的显性危害；另一方面更重要的是，当时我国实行计划经济，一切设施的规划与建设都由政府决策，对政府具有极强信任感的公众很少会主观上参与到决策过程中去。在计划经济向市场经济转变的过程中，市场的逐利性使得环境污染有所加剧，违背了尊重自然、顺应自然、保护自然的生态文明理念，导致良好的生态环境供给与公众需求的矛盾激化。

随着邻避效应在我国渐成常态，学者们对邻避效应也加强了研究。总体来看，我国学术界对邻避效应主要从宏观和微观两种视角进行研究。但是由于起步较晚，对于邻避效应的研究尚处于理论的引入和介绍阶段，而且宏观分析视角往往议题过于宽泛、立意过于宏大，这与处于萌芽阶段的研究是极不相称的；而微观研究视角则多着眼于案例本身，缺乏多个案例的比较研究，难以形成普适性的研究结论。如何在宏观与微观研究之间找到一种平衡是当前我国邻避效应研究所需要突破的难题。

从现有的资料来看，一方面，国内外对邻避效应的案例研究多是关注垃圾处理场、殡仪馆、核电站、化工厂等邻避设施的选址与建设，甚少涉及电网工程方面。然而，电网规划、建设周期、线路走向、变电站布置地点、社会需求程度、公众心理程度等方面均有其特殊性，导致电网工程的规划与建设邻避带来的问题与垃圾处理场、殡仪馆、核电站、化工的选址与建设等领域的问题有很大区别；另一方面，国内外对电网规划建设进度受阻的外部因素研究，大多从项目管理、技术革新、经济补偿等方面切入，很少从分析现有案例以及有关利益主体间的关系和建立风险模型的方向探索解决电网规划建设邻避困境的可行之道。因此，有必要将电网工程的规划与建设作为邻避效应的一个独立的方面进行研究，为公用设施建设提供更合理的理论性支持。

本书研究的目的在于，从公共利益最大化的角度出发，介绍电网工程邻避效应的研究方法，分析由电网工程引发的邻避效应事件的典型案例以及邻避效应风险模型与邻避效应各个利益主体之间的关系，研究如何在有关利益主体之间建立新型沟通机制，有效解决电网工程环境管理纠纷，从而力争达到全社会公共利益最大化。

本书的研究具有一定理论价值和实践价值。

1. 理论价值

目前我国对邻避效应的研究理论还比较有限，加强我国邻避效应的研究任重道远。第一，本书对邻避理论的探索以及提出的各项机制建设可以承接和补充邻避效应的理论研究，构建适合我国的邻避效应治理机制，为现实提供指导意义。第二，通过理论和实践经验的分析体现了抽象理论研究与具体案例研究二者间的有机结合，有助于实现对邻避效应更为全面和深刻的理解。第三，本书体现出了学科上的交叉性，其理论基础既涉及环境科学和电网知识，也涉及行政管理理论，同时经济理论的一些知识也包含于其中，这丰富了本书的研究工具。

2. 实践价值

首先，加强邻避效应研究是社会治理体系和治理能力现代化的一个有机组成部分。其次，邻避效应是城市化过程中我国各地面临的普遍问题，它不仅阻碍城市的健康发展，也影响到公众的日常生活和生产活动。所以加强对邻避效应的研究也是解决城市发展过程中出现的垃圾围城、能源短缺等问题的重要手段。最后，加强对此问题的研究，有助于化解人民内部矛盾，构建社会主义和谐社会。

本书结合中国国情，着重以湖北省电网工程的典型案例作为分析对象，探索电网工程的规划与建设需要解决的主要问题和成因以及解决问题的基本路径，研究成果具有一定的现实推广价值。

本书共分为 7 章。

第 1 章　邻避效应。本章分为两个部分。第一部分主要介绍研究课题选题背景与意义、研究现状以及研究内容；第二部分对邻避效应进行概述，分析了邻避设施的类型、邻避效应产生的原因和特点以及邻避效应的影响，并列举了部分邻避案例。

第2章　电网工程邻避效应。本章先对电网工程和电网工程环境影响进行简介，由此引出电网工程的邻避效应。电网工程环境影响可分为电磁环境影响、声环境影响以及其他影响。

第3章　电网工程邻避效应调查研究与典型案例分析。本章详细介绍了本书研究使用的社会调研法和案例分析法。从调研的基本信息、调研内容、调研过程以及调研的数据方面进行探究，并使用案例分析法对邻避效应典型案例进行了详细研究。

第4章　电网工程邻避效应风险分析。本章首先对电网工程邻避纠纷风险源进行了分析，风险源包括来自电网公司的风险、公众的风险、相关科学标准的模糊性带来的风险和国家法律法规变化带来的风险等，再建立电网工程邻避效应风险模型，最后对电网工程邻避效应进行风险评估。

第5章　电网工程邻避效应沟通共建机制研究。本章主要辨析了电网工程邻避效应中的利益相关方，再对他们进行分析。以此为出发点，有助于新型沟通机制的建立。在此基础上，介绍了电网工程沟通共建的含义、目的、原则、范围，并建立了信息公开的沟通机制，提出了基于新媒体的创新型沟通机制，构建了全寿期的公众参与机制。

第6章　电网工程邻避效应解决方案研究。本章提出了电网工程邻避效应“环境友好”的解决方案和“公众接受”的解决方案。

第7章　总结和展望。

1.2　邻避效应

1.2.1　邻避效应的含义

邻避效应（Not In My Back Yard，NIMBY），也称邻避综合征、邻避情结、保家症候、宁避症候群、嫌恶设施或我家后院理论等，原指公众或当地单位因担心建设项目（如垃圾场、核电厂、殡仪馆等邻避设施）对身体健康、环境质量和资产价值等会带来诸多负面影响，从而激发人们的嫌恶情结，滋生“不要建在我家后院”的心理，进而采取强烈和坚决的、有时高度情绪化的集体反对甚至抗争行为。该词于1980年由时任英国环境事务大臣的尼古拉斯·雷德利提出，是用于形容新发展计划受到该区或邻近地区公众反对的这一现象。一般来说，这些新发展计划会为附近地区带来长远的利益，有些甚至是当地不可或缺的基础设施，但却会对设施附近的居住环境造成一定的负面影响，譬如污染、辐射、噪声，从而引起附近公众的嫌恶情绪。为了保护自己的居住环境，设施附近的公众会反对这个计划，或虽然不反对这个计划，但会提议在其他地区兴建。邻避效应后来又衍生出奈避效应（Not In Anybody's Back Yard，NIABY），意思是所有地区的公众都会反对在其社区内进行的发展计划。

对邻避效应的研究始于20世纪70年代末，欧海尔（O'Hare）首次将邻避设施引入学术界，引发邻避效应的研究热潮。20世纪八九十年代，学者们开始探讨邻避设施如垃圾处理场、核电站等负外部性影响、选址冲突及其治理问题，之后发展到从政治民主角度研究邻避现象。从现有的资料来看，一方面，国内外对邻避效应的案例研究多是关注垃圾处理场、殡仪馆、核电站、化工厂的选址与建设等领域，甚少涉及电网工程方面。然而，电网规划、建设周期、线路走向、变电站布置地点、社会需求程度、公众心理程度等方面均有其特殊性，导致电网工程的规划与建设邻避带来的问题与垃圾处理场、殡仪馆、核电站、化工厂的选址与建设等领域的问题有很大区别。另一方面，国内外对电网规划建设进度受阻的外部因素研究，大多从项目管理、技术革新、经济补偿等方面切入，很少从分析现有案例以及有关利益主体间的关系和建立风险模型的方向探索解决电网规划建设邻避问题的可行之道。因此，有必要将电网工程的规划与建设作为邻避效应的一个独立的方面进行研究，为公用设施建设提供更合理的理论性支持。

我国对邻避效应的研究还处于对发达国家（地区）邻避理论

的引进或介绍阶段，对邻避效应的实证分析偏重于对具体案例的解析。同时，运用模型分析邻避效应的研究文献更是少见。模型研究方法一方面可以使研究对象更具体，另一方面也可以抓住问题的关键而便于理解。从机制建设角度提出电网邻避效应治理的各项对策，最终解决问题，正是现阶段我国邻避效应研究有待加强之处。

伴随着一系列环境群体性事件的发生，邻避一词很快成为我国学术话语圈的时髦词汇。余杭垃圾焚烧发电厂、彭泽核电项目、江门核燃料加工厂、厦门海沧 PX 项目、上海虹杨 500kV 变电站等引发的群体性事件，统统被贴上邻避运动的标签。然而，就邻避现象的褒贬而言，学者们有不同的看法。一方认为邻避效应是民主政治和环保意识提高的表现，当地公众的抵抗行为不仅为了争取社区的利益，在一定程度上阻止某些不科学、不合理的政策的实施，还包含着公民权的发展和政治民主化的进步，能够推动协商民主的发展，促进社会正义的实现；而另一方（尤其是建设邻避设施的一方）则将邻避现象归于当地公众的个人利益、非理性和私人的表现，认为邻避运动导致公共设施的选址和建设无法落实，是制定和执行公共政策的障碍，很有可能会给当地的经济发展和社会进步造成阻碍。

1. 余杭垃圾焚烧发电厂项目

2014 年 4 月，杭州市公示了余杭区垃圾焚烧发电厂建设项目，遭到附近地区公众的抵制，5 月 10 日，发生了公众聚集道路、殴打等事件。事件发生时，选址并未确定，也未启动风险评估项目。9 月，该项目公布规划选址，面积减少近两成。

治气、治水、治堵、治理生活垃圾，已成为杭州城市管理的四大难题，杭州市区具有生活垃圾处理设施 6 座，但生活垃圾年增长率达 10.09%。2014 年 4 月，杭州市公示了年重点规划工程项目，其中就包括即将在城市西部的余杭区中泰乡九峰村建造一座垃圾焚烧发电厂的项目，规划显示一期日烧垃圾3 200吨、二期日烧垃圾5 600吨。很多人是从这个公示上得知中泰的垃圾焚烧发电厂项目的。

4 月 23 日，浙江省环境保护厅称浙江省环境保护科学设计研究院没有对这个项目做过环评。4 月 24 日，杭州城区居民以及周边村村民向杭州市规划局提交了一份两万多人反对九峰垃圾焚烧发电厂项目的联合签名，以及 52 人要求对《杭州市环境卫生专业规划修编（2008—2020 年——修改完善稿）》公示并举行听证的申请。从 5 月 9 日开始，不断有城区的居民和中泰乡村民在规划建造垃圾焚烧发电厂的九峰村聚集。5 月 9 日，余杭区委、区政府发布了《关于九峰环境能源项目的通告》，明确了“在没有履行完法定程序和征得大家理解支持的情况下一定不开工，九峰矿区停止一切与项目有关的作业活动；九峰项目前期过程中，将邀请当地群众全程参与，充分听取和征求大家意见，保证广大群众的知情权和参与权；希望广大群众不要再到九峰矿区和中泰街道办事处聚集”等三条意见。

5 月 10 日上午，余杭中泰及附近地区发生了规模性聚集，群众封堵了 02 省道和杭徽高速公路，一度造成了交通中断，并有人趁机打砸车辆，围攻殴打工作人员和无辜群众，11 日凌晨左右现场大部分人员散去，秩序基本恢复正常。

在这起事件中，垃圾焚烧发电厂因为存在一定的污染而成为邻避设施。公众担心垃圾焚烧会对生活环境及附近水源带来不良影响，而附近的楼盘也担心房价因此受到影响。虽然垃圾焚烧发电厂的建设非常有必要，但是选址附近的公众都希望垃圾焚烧发电厂建到别处。

而这仅仅是前期公示就出现的情况。事实上，这只是拟选址，公示是为了听取公众的意见。但是公众由于垃圾焚烧发电厂存在的污染以及垃圾带来的不悦情绪，对该项目大力反对，公示并未取得较好的效果。而余杭区委区政府发出的通告也未能让公众情绪冷静下来，最终造成了公众聚集道路、殴打工作人员的事件。项目公示时未进行风险评估，前期准备工作不够充分，这更加引起了公众的不满。市民与政府缺乏充分的对话协商，市民对政府的不信任和误解情绪集聚，导致群体性事件的发生。

2. 彭泽核电项目

1996 年，原电力部会同核工业总公司对 1992 年编制完成的

《江西核电厂初步可行性研究报告》进行审查。2008 年 1 月，彭泽核电项目被纳入国家核电中长期发展规划，成为首批内陆核电项目之一。

2010 年 5 月，彭泽核电项目“两评”报告获得正式批复。同年 7 月，获批开始一期工程的前期工作。彭泽核电厂规划建设 4 台 125 万千瓦级核电机组，并预留两台机组，将采用世界先进的第三代 AP1000 核电技术进行建设，工程总投资约1 050亿元，全部建成后年发电量将达 560 亿千瓦时。

2006 年 11 月 27 日至 12 月 14 日，彭泽核电站第一次公众意见调查采用“公众调查问卷”的方式，由江西核电项目筹备处和当地政府共同组织发放并收集，并经九江市环境保护局监督。2008 年 2 月 26 日至 3 月 9 日，彭泽核电项目进行了第二次公众意见调查。

2011 年 6 月 20 日，部分居民联合写出了万余字的《吁请停建江西彭泽核电厂的陈情书》（以下简称“《陈情书》”），并通过多种途径递交到国家相关部门和有关专家手中。

《陈情书》拟定后，2011 年 11 月 15 日，望江县政府以政府公文的形式，向上级部门递交报告，恳请上级部门向国家有关部门反映真实情况，取消江西彭泽核电项目。

在项目前期存在问题方面，望江县政府指出存在四大问题：人口数据失真、地震标准不符、邻近工业集中区和民意调查走样。但环保部项目官员公开表示，在人口数据、地震标准等问题上，望江县方面对核安全法规的理解或许有误，望江县政府的报告中将涉及人口片面理解为整个县区域的所有人口数。

事件起因主要是望江县政府认为，彭泽核电项目厂址处在江西长江岸线南岸最末端，是赣、皖、鄂三省交界处，核电厂在运行期间的气态污染，在 50 公里半径范围内，对江西的环境影响面积估算不过 40%，其余都排到省外；其液态污染对江西的环境影响为零，百分之百的废水都排到下游省界外，望江县 40 公里长江岸线首当其冲。

3. 江门核燃料加工厂

2013年，中核集团拟在广东江门鹤山建中国东南沿海第一座核燃料加工厂的消息传出后，引起了社会各界的广泛关注。在《中核集团龙湾工业园项目社会稳定风险评估公示》（以下简称"《稳评公示》"）发布后，广东省江门市更是有公众于2013年7月12日上午走上街头，抗议在鹤山建设核燃料加工厂。

该核燃料加工厂总用地面积超过229公顷，建筑规模约50万平方米。建成后，其产能可满足核电发展2020年规划的50%燃料需求。作为经济和能源消费大省，广东能源消费以煤炭和石油为主。近年来，广东一次能源供应偏紧及能源结构不合理的现象日益突出，而大力发展核电对于保障广东，甚至整个珠三角地区的能源安全和经济安全都具有战略意义。

《稳评公示》发布后，立刻掀起了一股轩然大波。反对声首先出现在江门市的几个公共论坛和部分江门市民的微博上，网上的"核担心"也逐渐升级为"核危机"，呈现出扩散态势，为搜集气象监测和环境气象资料而开建的气象观测塔，也被网民作为核燃料加工厂"未立项便开工"的主要指证，参加抗议的公众也表达了对核燃料加工厂可能引发核污染的担心。

事实上，多位安全专家表示，核燃料加工厂不牵涉任何分裂的作用在内，只是煤制成蜂窝煤的过程，不涉及核反应，因为天然燃料本身的放射性就很低，加工过程中又没有核裂变环节，没有核裂变产物，因此也不存在高辐射风险。

在这场事件中，该项目没有经过环评和充分征求公众意见。尽管政府强调核电公司在这方面的技术是如何先进和安全，但是公众对此的观点显然并不认同。就在《稳评公示》发布当天，在网络上发表意见的当地公众几乎是全部反对。公众对项目的质疑，主要集中于核辐射、核污染等方面。政府和企业也没有做相应的科普。核工业过去实行军管，比较神秘，公众缺乏认知，对核燃料、核电站、原子弹之间的区别也不清楚。而美国在日本广岛投下的那两颗原子弹所发出的辐射，至今仍让人恐惧。"在政府与核电公司签订合同之前为什么没有相关的公示呢？项目确定后才发布《稳评公示》还有什么意义?”不论是核电站项目还是核燃料加工厂项目的建设，都需要政府、企业主动去和公众进行对话和沟通，以便后者获得应有的知情权。

4. 厦门海沧 PX 项目

厦门海沧 PX 项目是 2006 年厦门市引进的一项总投资额 108 亿元人民币的对二甲苯化工项目，该项目号称厦门“有史以来最大工业项目”，选址于厦门市海沧台商投资区，该项目于 2006 年 11 月开工，原计划 2008 年投产。

项目开工后便受到广泛关注，2007 年 3 月，由全国政协委员、中国科学院院士、厦门大学教授赵玉芬发起，有 105 名全国政协委员联合签名的《关于厦门海沧 PX 项目迁址建议的提案》在全国两会期间公布，提案认为海沧 PX 项目离居住区太近，如果发生泄漏或爆炸，全市百万人口将面临危险。

2007 年 6 月 1 日，爆发市民游行，集体抵制海沧 PX 项目建设；6 月 7 日，原国家环保总局组织各方专家，就海沧 PX 化工项目对厦门市进行了全区域总体规划环评；12 月 8 日，在厦门市委主办的厦门网上，开通了“环评报告网络公众参与活动”的投票平台；12 月 13 日，厦门市政府组织召开市民座谈会，包括驻厦中央级媒体和厦门本地媒体获准入内旁听；12 月 14 日，举行了有市民代表、人大代表和政协委员等 97 人参加的第二场市民座谈会；12 月 16 日，福建省政府针对厦门海沧 PX 项目问题召开专项会议，决定迁建该 PX 项目。

引起此次群体性事件的原因主要是：①投资方、政府和公众之间的利益不平衡；②环境信息公开制度尚不健全，政府与公众的信息沟通不畅，相关法律规范不明确，环境保护规定过于原则抽象，操作性不强，难以满足公众需求。政府在企业建立项目前没征求公众意见，也没有向公众具体解释此次 PX 项目的安全系数。

凡事皆事出有因，邻避冲突也不例外。从表面上看，公众与政府、企业间围绕 PX 项目建与不建的争论主要源自公众的过激反应，其实，项目的闭门决策与信息不透明才是公众产生过激反应的主因。有些项目决策不是发生在冲突的当年，而是国家长期战略布局的一部分，是地方政府争取好多年的成果。厦门的 PX 项目获得国家发改委批复的时间是 2006 年，而该项目的一期工程早在 2002 年 10 月就投产了。又如，昆明的 PX 项目是中石油云南1 000万吨/年炼油项目的一部分，整个项目论证历时 8 年，经历了环境影响评价等 53 个论证评估，2012 年获得国家环评批复，2013 年获得国家发改委批准通过。但是，直到冲突爆发的那一刻，还有很多本地公众不知道项目的存在，更谈不上参与项目的决策过程。

要解决邻避事件，就必须从市民、政府、企业三方面均衡考虑，从根本上尊重公民的知情权和参与权。面对邻避冲突，厦门有关政府部门积极寻找解决方法，给市民一个交代；在此次事件的解决中，政府对此 PX 项目进行了二次环评，并将此环评结果通过网络让市民了解，企业方也向公众发布声明信，告知此次 PX 项目低毒、不致癌、技术可靠；厦门当地政府召开了两次市民座谈会，让公众明确地表示自己的态度，并进行了匿名的投票，还请教了有关专家的意见，整个过程地方政府与公民百姓，从博弈到妥协，再到充分合作，地方政府采取了“平等协商”的方式和平地解决了该起邻避事件，安抚了民心。

5. 上海虹杨 500kV 变电站

虹杨 500kV 变电站规划最早起始于 1995 年的《江湾机场地区结构规划》，该规划对虹杨变电站进行了初步的规划布点。2000 年，上海电力设计院经过反复踏勘，选择在逸仙路以东、三门路以南的 250m×220m 建设用地为虹杨变电站站址。同年，虹杨变电站被纳入《上海市城市总体规划（1999—2020）》上报国务院审批。也就在 2000 年，杨浦区城市规划管理局核发正文花园二期地块商品住宅《建设项目选址意见书》，一部分虹杨变电站选址用地被划入正文花园二期。

2001 年 2 月，杨浦区城市规划管理局核发正文花园二期地块《建设用地规划许可证》，此后又核发了《建设工程规划许可证》。5 月，国务院批复同意《上海市城市总体规划（1999—2020）》。

2003 年，正文花园二期竣工，居民陆续入住。

2004 年，上海市城市规划设计研究院编制《上海市中心城区控制性编制单元规划（武川社区 N090501、N090502）》，基于正文花园二期已经建成的事实，规划缩减了虹杨变电站的用地面积。

2005 年，上海电力公司送审《关于虹杨变电站选址选线规划的请示》，上海市城市规划管理局批复："原则同意虹杨 500kV 变电站的选址规划，规划选址位于逸仙路以东，三门路以南，占地约14 644m^2。"

2007 年 6 月 12 日，建设单位和环评机构在《文汇报》发布《500kV 虹杨输变电工程环境信息公告》。6 月 18 日上午，环评机构召开了环境影响公众参与评价会议，五角场街道共有 5 个居委会约 40 人参加。会上，除 6 名代表当场提出质疑并投反对票外，其他都投了同意票。8 月 5 日，部分居民通过区长热线证实了家门口要建造变电站的事实，消息迅速传开并引起巨大震动。8 月 10 日，数百居民到小区门口抗议，要求公开信息、对虹杨变电站进行重新选址。此后，区信访办、电力公司等相关部门和机构与居民进行了多次对话，但都无法达成共识。自此，居民们开始了长达 4 年多的信访和投诉，变电站建设也陷入僵局。

2012 年后，上海市有关部门陆续召开工作推进会，加快虹杨变电站建设步伐。2013 年 3 月，该项目得到国家发改委的核准批复。4 月，上海市规划和国土资源管理局对虹杨变电站建设工程设计方案进行规划公示。虹杨变电站建设在历经多年的僵局后终于启动。

由于邻避设施具有负外部性特征，导致公益性和负外部性合力的结果在具体的项目中并不一定表现为公益性。居民认为"虹杨变电站的选址规划是一份没有科学性、严肃性、合理性的不规范的规划"。部分学者认为居民的质疑理由是充分而合理的，虹杨变电站在规划选址和用地管制两个方面存在着问题。

1.2.2　产生邻避效应的原因

在邻避问题中，人们抵抗和反对的设施被称作"邻避设施"。

国家为了满足公众的生活需求，需要建立一些设施，这类设施能够带来社会福利，但是却会产生一定的负外部性，这些具有潜在危险或危害的设施就是邻避设施。邻避设施一般有如下几类：

①会带来污染的设施：如焚化炉（包含有毒废弃物处理中心）、垃圾填埋场、污水处理场、动物屠宰场、发电厂（包含火力发电厂、核能发电厂及核废料放置场等）、寺庙（如果没有管理好金纸及香的使用）、工厂（特别是会排放污水、废气及发出噪音的）等。

②产生强电磁波的设施：如输变电设施（包含变电站、电线杆等），手机的基地台，电视、广播讯号中继站及发射站，军事、航管或气象等用途的雷达站等。

③产生噪音的设施：如军事设施（包含军事基地、兵工厂等）、交通设施（机场、海港、高速公路、铁路及巴士总站等）、风力发电设施、寺庙、景点、中小学校、公园、大球场、体育馆、游乐区、夜市等。

④存在风险的设施：如核电厂、加油站、化工厂等。

⑤污名化的设施：如监狱、精神科医院等。

⑥与心理因素有关的设施：如殡葬设施（殡仪馆、火葬场、公墓、纳骨塔等）、高大的摩天大楼（邻近私人住宅业主认为会影响日照权或风水）等。

国内外学者关于邻避效应的成因分析，在其初始阶段是基于具体案例的研究，后期则从社会、政治、心理等多方面分析成因，现主要从根本原因和具体成因两方面进行分析。

1. 根本原因

从环境和社会影响两类设施中，分析归纳邻避设施负外部性、利益冲突和邻避冲突之间的因果关系，从而探讨邻避效应的根本原因，如表 1.1 和表 1.2 所示。

环境与社会影响类设施的兴建，可能导致周围公众自身利益的损失，当利益损失得不到合理补偿时，就会产生邻避冲突。

表 1.1　　**环境影响类设施邻避效应的因果分析**

环境影响类邻避设施	相关学者	邻避设施负外部性	因果关系	利益冲突	因果关系	邻避冲突
番禺垃圾焚烧厂	黄汇娟	社区环境受到污染，居民健康遭受严重威胁	→	健康受损，住宅舒适度降低，影响房地产价格和商业发展	→	周围居民的反对由温和的民意诉求发展为成群上街游行抗议
HY 变电站	孙静	居民健康、财产遭受威胁	→	成本与利益的不对称，居民感到不公平和受到剥夺	→	长时间的信访投诉和集体抗争，最后表现为全面的抗拒
大理石的露天开采场	皮里凯斯	地下水污染、土壤侵蚀、产生噪声和大量灰尘，居民健康受损	→	居民周围环境和身心健康受到损失，且未得到合理补偿	→	对此类开采行为表现出较大的抵制情绪
葡萄牙有害废物焚烧厂	科库奇	生态系统、人体健康和财产的巨大风险危害	→	环境的不公平，风险和公众健康质量的不平等分布，当地房产的贬值	→	街头示威、游行和辩论
埃德蒙顿垃圾填埋场	圭多提	垃圾渗透液对周围环境、地下水的污染	→	当地居民的环境利益、健康利益受损，易得疾病	→	当地居民在政治上和政府的对峙抗争

表 1.2　　社会影响类设施邻避效应的因果分析

社会影响类邻避设施	相关学者	邻避设施负外部性	因果关系	利益冲突	因果关系	邻避冲突
美沙酮服务站	娄胜华	社会安全隐患，房屋价值风险	→	当地居民的安全感知风险以及房屋贬值	→	社区居民由个体抗议发展成集体抗议
上海磁悬浮	郑卫	严重的电磁辐射、噪音、震动等	→	沿线居民生命财产受到威胁，房价下降	→	大量当地居民上访和“散步”
居民房屋附近修建车道	费舍尔	修建车道给房屋拥有者带来风险	→	居民房屋贬值，财产受到很大损失	→	当地居民抗议和辩论

综上所述，如果没有邻避设施的负外部性，就没有其在空间上所辐射出的风险和效益上的不均衡性，也就没有不均衡的成本-利益分配结构，就无“邻避型”利益冲突。而最终要形成邻避效应，还需要利益冲突升级发展为邻避冲突。邻避效应的因果关系如图 1.1 所示。邻避负外部性客观上无法根除，降低导致邻避冲突的利益冲突（空间不均衡的成本-利益分配结构）是规避邻避效应的关键节点。

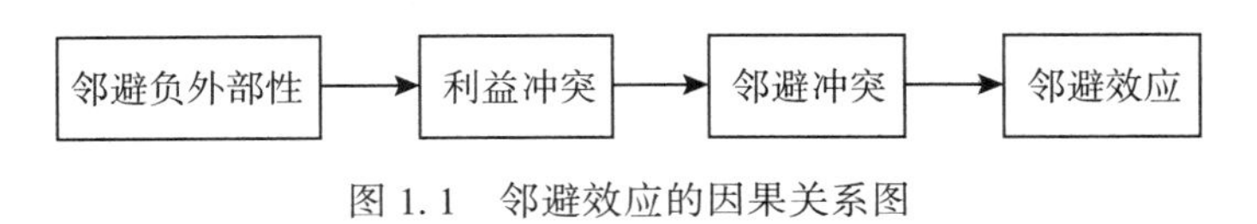

图 1.1　邻避效应的因果关系图

2. 具体成因

邻避效应现象非常复杂，具体的邻避成因和矛盾焦点不尽相同，一些冲突事件甚至还包含政治因素。因此，邻避效应的有效解决，不仅需要了解邻避效应的根本成因，还要分析各种具体成因，才能“对症下药”。

20世纪八九十年代国外学者们从经济、心理、政治、环境等角度对于邻避效应的成因做出过解释。20世纪90年代邻避现象开始在亚洲出现，国内学者结合心理、政治、社会等方面因素综合分析了邻避效应成因，如表1.3所示。

表1.3　**邻避效应因果分析的角度**

①社会：邻避设施周围居民的行为、经济利益	相关学者	利益冲突	邻避冲突
当代社会风险的存在更取决于个体感知，受影响的居民以自身经验和受害者方式去界定风险，容易产生抵制情绪	娄胜华	+	+
基于“风险认知”框架，当地居民的风险认知变化：由“不怕”→“真的不怕吗”→“我怕”初始认知的重构；由一般人群→风险人群，进而形成邻避型抗争	何艳玲	+	+
公众关于政府、专家及其经济利益集团之间暧昧关系形成风险感知，借由分裂媒体和网络传播塑造焦虑社群，促使异议和集体行动	郭巍青	+	+
邻避居民的情感认知模式的形成，即当地居民关于邻避设施产生生存与权力上的焦虑，对政府的否认与推脱行为的怨恨，对媒体集体失声的怨恨，本身的邻避情结，累积成情感认知模式	孙静	+	
②管理：指公共管理、政府和法律，选址方案和程序	相关学者	利益冲突	邻避冲突
我国政治结构相对封闭，邻避设施的“非邻避化”定性，未尊重公众知情权，未建立公众信任机制	何艳玲	+	
政府制定邻避设施选址决策，未考虑当地居民利益诉求，忽视个体利益，否定社会公平	李晓辉	+	

续表

决策模式以"决定——宣布——辩护"单目标决策，以经济、效率为选址参照原则，忽视公平，忽略环境正义	娄胜华 姜姗姗	+	
政府工作方式粗暴，产生邻避效应泛政治化，吸引周边以外居民参与并反对选址建设	张效羽	+	+
未建立有效的重大决策风险评估机制，未能对决策实施可能带来的社会风险进行正确评估导致邻避冲突	金艳荣	+	+
③心理：公众对邻避设施的风险认知、感知与风险可接受水平	相关学者	利益冲突	邻避冲突
公众对于垃圾焚烧厂的风险认知程度较低，其风险可接受水平较低，易引起公众极度恐慌和忧虑，进而引发冲突	王娟 胡志强	+	+
公众感知到的核辐射风险无法控制、不可预见且内心畏惧，感知到的风险极大，因而普遍强烈反对核电站等设施的建设	斯洛维奇 (Slovic)	+	+
在对核电站的风险感知研究中，公众认为核电站是极端的高危险设施，并反对以资金补偿方式接受其持续的运行	黄启煌 王图文	+	+
④生态：设施与生态环境的影响、环境正义	相关学者	利益冲突	邻避冲突
番禺垃圾焚烧厂的兴建，会导致周围环境的污染，并引起居民对健康风险的担忧	黄汇娟	+	+
环境正义的核心关怀是环境损失与利益的分配，若利益分配不均衡，则失去环境正义，易使社会秩序混乱而引发冲突	杜建勋	+	+

注：表中的"+"表示相关现象"产生"。

综上所述，利益分配结构导致的利益冲突是邻避效应的根本原因，邻避效应具体因果关系如图 1.2 所示。

邻避设施固有的负外部性包括以下几点：

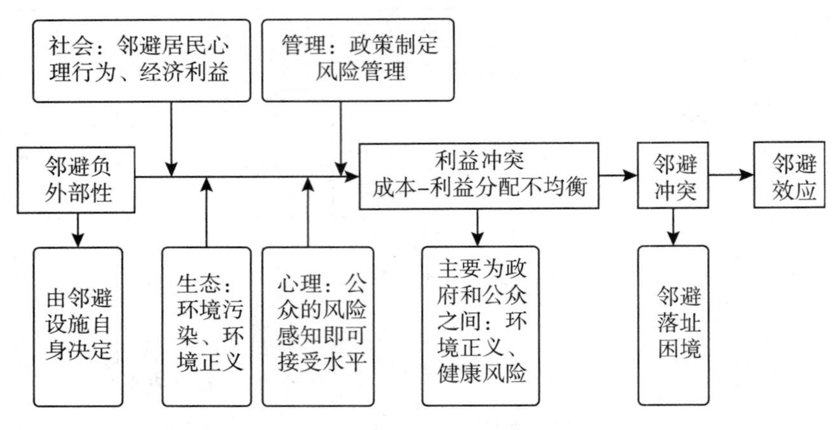

图 1.2　邻避效应因果关系图

①环境影响。一些邻避设施带来的环境污染是无法避免的，只能尽量减轻，不影响公众正常生活。但公众对环境的要求较高，不能容忍稍微增加一点的污染，由此对带来污染的设施有厌恶心理。

②承担风险的问题。对具有风险性（包括污染、治安、重大事故）的邻避设施如能妥善处理，则发生意外的概率相当低；但若不幸发生事故，则后果将非常严重。公众大多抱有“宁可信其有”的想法，对风险的耐受能力不高，不愿意承担相关风险。而且，对大多数环境风险来说，最重要的信息源不是个人的直接经验，而是从大众媒体上获得的间接经验，而媒体报道的多是引人注意的、具有轰动性效应的事件，这也使得即便是较为客观的报道，也能让公众感到担忧。

③引起人们心理不悦。出于信仰、固有观念等因素，人们对一些设施向来避而远之，这些设施的到来，甚至会让他们觉得居住在此地是耻辱的。

④利益受损和失衡。公众对于土地或房产具有升值的期望，但附近若建起邻避设施，房产地产价值不升反降，不仅不符合公众的预期，还使他们的经济利益受到了损害。邻避设施所产生的效益由大片地区的公众共享，而承受不利影响的却只有设施附近地区的公

众，这部分承受了不利影响的公众感觉到利益失衡，从而抗拒邻避设施的建设，或者希望这些设施建到其他地方。而经济补偿执行时也存在诸多问题，补偿一千米范围内公众，一千米范围外的公众会不同意，补偿两千米范围内公众，两千米外的公众也会不同意。

⑤舆论诱导。舆论很多带有主观臆测、添油加醋的成分，而越耸人听闻、越符合公众心理的舆论越容易被传播。在邻避问题中，公众将自己厌恶的设施及背后的倡导者视为敌人，更容易相信对之不利的言论并加以传播。舆论是公众对抗邻避设施的武器，为此，他们更倾向于夸大邻避设施的危害，淡化它能带来的好处，怀疑设施背后的倡导者。在舆论的海洋里，原来将信将疑的人也容易迷失自己，相信大多数人说的，形成从个人到群体的怀疑。

⑥对倡导者信任的缺乏。公众不相信这些项目的倡导者，不认为他们能管理好相关的设施，不相信这个项目的利大于弊。严重一点的，甚至会将倡导者视为恶人，认为他们别有企图，是在损害自己的权益。

⑦公众与倡导者的认知差异。趋利避害、抗拒风险是人的本能，因此，公众会对邻避设施提出抗议，但政府在立项时，必然也是衡量过风险才做出的决定。由此可见，公众与政府对于邻避设施的风险认知不同，而公众在缺乏相关信息的情况下，感知到的风险往往与实际的风险偏差较大。政府公共决策的科学基础往往是专家论证，Krimsky & Plough 的研究证实，公众和专家的风险认知方式有很大的不同，专家是客观冷静、基于风险测量、信任科学的方法与解释、关注于统计和测量、分析边界狭窄、认为无法精确描述的东西是无关的；而公众是主观而情绪化、基于风险感受、信任对象是政府和民主化进程、关注社会和家庭、分析边界泛化、将一些不可预期或看似无关的东西也视为相关的。在面对高风险的事物时，公众与专家的认知偏差更大，而且公众往往会高估了风险。在涉及比较复杂的问题时，公众在无法理解的情况下，容易产生恐惧心理。

1.2.3 邻避效应的影响

邻避效应引发的邻避程度的影响因素主要包括以下几个方面：

①邻避设施对周边环境的影响程度。根据邻避效果的大小可将城市服务设施分为四个等级。其中，学校、车站、医疗卫生设施等的邻避效果就较轻，而殡葬设施、垃圾焚化炉、变电所就具有高度邻避效果。

②公民的受教育程度。整体而言，受教育水平较高的公民看待邻避设施更加客观，能够冷静地分析它的利弊，对于不太了解的专业问题也不会心存恐惧，而是愿意倾听专家的意见。不会轻易地被舆论带偏，有自己的看法，在官方信息出来前，不随意传播谣言。此外，受教育水平比较高的公民，不会仅考虑个人利益，而是愿意与相关部门友好协商，明白长远利益的重要性。

③信息的公开化程度。这些信息包括邻避设施的选址原因、相关部门的文件、相关政策、选址的补偿措施等。信息不透明，公众就会主观臆测背后的原因，而臆测往往偏离事实；而如果信息透明，则谣言自然无从产生，或者无法肆意流传。信息公开，还要做到容易被公众查阅，如果公众没有了解信息的便捷渠道，即便信息透明，也难以有效传播，公众依然会臆测。只有公众关心的信息真正传递给了公众，才能起到让公众信服、安心的作用。此外，信息需要通俗易懂，如果公众无法理解信息，公开出来的信息依然无法收到取信于民的效果。

④宣传力度。互联网时代，负面甚至是虚假信息并不能屏蔽，传播快，影响大，在这样的时代背景下，正面信息的传播必须加强，以让那些负面的、虚假的信息不攻自破。有效的宣传，可以减轻公众的疑惑，阐明邻避设施建设的重要性和必要性，可以减轻公众心理上的反感。而如果公众在项目开始后闹事，只要宣传到位，也可以防止事态扩大化。那些宣传不足的项目，往往是公众初期就不了解项目、后期也难以采信官方的消息。

⑤双方的沟通程度。双方的沟通越积极，误会就越小。很多冲突，都源于双方的认知偏差。如果沟通不畅，问题就会演变得越来越严重，公众感觉自己不受重视，就会采取越来越激进的行动。而政府方面，本身对于公众担忧问题的解释也无法面面俱到，他们提前能做的只有公开自认为比较重要的问题，公众依然有可能会有其

他疑惑。沟通能让双方更加了解，有效减少邻避冲突发生的概率。

⑥倡导者的公信力。公众的判断，也是基于倡导者的固有形象的。如果倡导者本身就比较有公信力，公众也就更容易相信他能将事情办好，抵抗力度就会小很多。反之，邻避效应就会比较严重。

⑦解决邻避冲突的法律救济机制。比较完善的法律救济机制可以减轻公民的担忧，但是如果这方面比较欠缺，公众就会尽可能地为自己争取利益。

邻避效应能带来一定的正面影响，比如维护公民的合法权利，促进相关计划的信息公开，让决策者听到民意，纠正决策失误。但它也存在一定的负面影响。

①双方协商困难。公民的邻避意识越强，就越会考虑避免或者减轻自己受到的损害，会要求更高的经济补偿，或者要求方案减轻对自己有影响的部分。而决策者对于方案的成本有所考量，难以满足地区公众的要求。双方于是陷入持久的博弈。

②项目成本增加。项目动工时已经做好了前期准备，投入了一定的资源，而公众往往是在项目已经确定或者开始动工后反对。此时，项目遭到公众抵制，无法顺利进行，进程缓慢，人、财、物不能充分发挥作用，效率低下。项目甚至会中断，后期为了接上前期的工作，势必要付出更多的人力物力。此外，如果公众坚决不肯让步，可能导致项目被叫停，前期的工作将全部白费，造成浪费资源。即使项目在征求意见时就被反对，由于项目的必要性和重要性，倡导者依然会想办法促成这个项目。为了项目能顺利进行，只能放弃成本最优的方案，而选择反对声小一点但成本有所增加的方案。在项目进行时，应对一些不合理的要求、阻挠，相关部门也要付出很大的精力。

③公共利益受损。带有负面效应的发展计划，通常对于当地有长期的利益，或者是当地不可缺少的基础设施。例如变电站，对于居民用电大有裨益，有利于提高附近居民的生活水平，但是如果居民抵制，这个项目就无法进行。从长期来看，大量公众生活质量不高的负面效应要大于变电站对于部分公众生活环境的负面效应，地区发展受到限制，发展缓慢。

④引发社会政治问题。公众对给自己带来坏处的项目怀有嫌恶情绪，这种情绪会让他们在看待这个项目时不客观，更倾向于相信关于项目的负面传言。比如怀疑决策者谋取私利，夸大项目的负面影响，对于一般性的澄清也将信将疑。当大量公众相信负面言论时，政府权威就会受到冲击，公众集体就会陷入激情状态，成为不稳定因素。政府被迫停止项目的事件增多，就会给公众造成“一闹就会停”的错觉，使得更多的公众采取这种方式，为社会和谐发展带来不便，为以后相关工作的开展带来负面影响。

第2章　电网工程邻避效应

2.1　电网工程

2.1.1　电网工程概况

电能作为人类生活及生产中最方便和清洁的二次能源，是现代社会利用能源的主要方式。电能的生产和使用一般包括发电、变电、输电、配电及用电等环节。发电是将热能（主要来自煤、石油、天然气等一次化石能源）、太阳能、风能、水能及核能等转换为电能的过程；变电是通过升压变压器或降压变压器完成高低电压的转变，使电能符合输送要求；输电是将电能通过输电线路进行传输，使电能的开发利用跨越地域的壁垒；配电是将传输的电能分配给用户；用电则是通过各种设备将电能转换为光、热等各种形式的能量，供用户使用，满足用户生产生活的需要。

为了满足电力生产和保证电力系统运行的安全稳定性与经济性，发电厂和变电站中安装有各种电气设备，其主要任务是启停机组、调整负荷、切换设备和线路、监视主要设备的运行状态、发生异常故障时及时处理等。根据作用的不同，可将电气设备分为一次设备和二次设备。

1. 一次设备

通常将生产、变换、输送、分配和使用电能的设备，如发电机、变压器和断路器等称为一次设备。它们包括：

①生产和变换电能的设备。例如发电机将机械能转换成电能，电动机将电能转换成机械能，变压器将电压升高或降低以满足输配

电需要。这些都是发电厂中最主要的设备。

②接通或断开电路的开关电器。例如断路器可用来接通或断开电路的正常工作电流、过负荷电流或短路电流，它配有灭弧装置，是电力系统中最重要的控制和保护电器。隔离开关用来在检修设备时隔离电压，进行电路的切换操作及接通或断开小电流电路，它没有灭弧装置，一般只有在电路断开的情况下才能操作。此外，还有负荷开关、接触器和熔断器等，它们用于正常或发生事故时，将电路闭合或断开。

③限制故障电流和防御过电压的保护电器。例如限制短路电流的电抗器和防御过电压的避雷器等。

④载流导体。例如传输电能的裸导体、电缆等，它们按设计的要求，将有关电气设备连接起来。

⑤互感器。互感器包括电压互感器（TV）和电流互感器（TA）。电压互感器将交流高压变成低压，供电给测量仪表和继电保护装置的电压线圈。电流互感器将交流大电流变成小电流，供电给测量仪表和继电保护装置的电流线圈。

⑥无功补偿设备。例如并联电容器、串联电容器和并联电抗器，用来补偿电力系统的无功功率，以降低有功损耗和维持系统的稳定性。

⑦接地装置。无论是电力系统中性点的工作接地、防雷接地，还是保护接地、保护接零，均需同埋入地中的接地装置相连接。

2. 二次设备

对一次设备和系统的运行状态进行测量、控制、监视以及起保护作用的设备，称为二次设备。它们包括：

（1）测量表计，如电压表、电流表、频率表、功率表和电能表等，用于测量电路中的电气参数。

（2）继电保护、自动装置及远动装置，能迅速反映系统不正常情况或故障情况，进行监控和调节或作用于断路器跳闸将故障切除。

（3）直流电源设备，包括直流发电机组、蓄电池组和整流装置等，供给控制、保护用的直流电源和厂用直流负荷、事故照明等。

（4）操作电器、信号设备及控制电缆。操作电器如各种类型的操作把手、按钮等，用于实现对电路的操作控制；信号设备给出信号或显示运行状态标志；控制电缆用于连接二次设备。

变电站按建筑形式和电气设备布置方式分类，可以分为户内变电站、半户内变电站、户外变电站。

（1）户内变电站。户内变电站的主要变压器、配电装置均为户内布置。为了减少建筑面积和控制建筑高度，满足城市规划的要求，并与周边环境相协调，利于城市景观的美化，可以考虑采用GIS SF_6气体绝缘全封闭组合电器设备。GIS设备具有体积小、技术性能优良的优点。

（2）半户内变电站。半户内变电站的主变压器为户外布置，配电装置为户内布置。半户内布置方式是指除变压器为户外布置外，全部配电装置集中布置在一幢主厂房不同楼层的电气布置方式。该布置方式结合了全户内布置变电站节约占地面积，与周围环境协调、美观，设备运行条件好，以及户外布置变电站工程造价低廉的优点。

（3）户外变电站。户外变电站的主变压器、配电装置均为户外布置，设备占地面积较大，一般适合于建设在城市中心区以外、土地资源比较宽松的地方。

输电线路是用变压器将发电机发出的电能升压后，再经断路器等控制设备接入输电线路来实现。从结构形式上看，输电线路分为架空输电线路和电缆线路。

架空输电线路由线路杆塔、导线、绝缘子、线路金具、拉线、杆塔基础、接地装置等构成，架设在地面之上。

绝缘子（俗称瓷瓶）由瓷质部分和金具两部分组成，中间用水泥黏合剂胶合。瓷质部分是保证绝缘子有良好的电气绝缘性，金具是固定绝缘子用的。绝缘子的作用有两个方面：一是牢固地支持和固定载流导体，二是将载流导体与地之间形成良好的绝缘。它应具有足够的绝缘强度和机械强度，同时对化学杂质的侵蚀具有足够的抵御能力，并能适应周围大气条件的变化，如温度和湿度变化对它本身的影响等。变电站及架空线路上所使用的绝缘子有针式绝缘子、支柱绝缘子、瓷横担绝缘子以及高压穿墙套管。

按照输送电流的性质，输电分为交流输电和直流输电。19 世纪 80 年代首先成功地实现了直流输电。但由于直流输电的电压在当时的技术条件下难以继续提高，导致输电能力和效益受到限制。19 世纪末，直流输电逐步被交流输电所代替。交流输电的成功，迎来了 20 世纪电气化社会的新时代。

送电线路的导线和地线长期在旷野、山区或湖海边缘运行，需要经常承受风、冰等外荷载的作用，承受气温的剧烈变化以及化学气体等的侵袭。同时，在设计上还受国家资源和线路造价等因素的限制。因此，对于大跨越地段，在设计中对电线的材质、结构等必须慎重选取。

选定电线的材质、结构一般应考虑以下原则：

①导线材料应具有较高的导电率。但考虑国家资源情况，一般不应采用铜线。

②导线和地线应具有较高的机械强度和耐振性能。

③导线和地线应具有一定的耐化学腐蚀和抗氧化能力。

④在选择电线材质和结构时，除满足传输容量外还应保证线路的造价经济和技术合理。

电能的输送是指将电能的特性（主要指电压、交流或直流）进行变换并通过输电线路从电能供应地输送至电能需求地。所有输变电设备连接起来构成输电网。所有配电设备连接起来构成配电网。输电网和配电网统称为电网。输变电工程又可分为交流输变电工程和直流输电工程。其中交流输变电工程由变电站（或开关站、串补站）和交流输电线路组成，适用于电力输送和构建各级输电网络。直流输电工程包括输电线路、换流站和接地极系统，适用于大容量、远距离的“点对点”输电。目前，国内外绝大部分输变电工程为交流输变电工程。在交流输变电工程中，变电站主要由变压器、电抗器、开关设备、电容器等一次设备以及远控、通信及调度等二次设备组成；交流输电线路主要由杆塔、导线、金具、绝缘子等组成。配电网是指从输电网或地区发电厂接受电能，通过配电设施就地分配或按电压逐级分配给各类用户的电力网。是由架空线路、电缆、杆塔、配电变压器、隔离开关、无功补偿器及一些附属设施等组成的，在电力网中起分配电能作用的重要网络。

为了提高输电的经济性能，满足大容量和远距离输电的需求，电网的电压等级不断提高。自 1891 年世界第一条 13.8kV 的输电线路建成使用以来，逐步发展到高压 20kV、35kV、66kV、110kV、134kV、220kV、330kV；20 世纪 50 年代后迅速向超高压 330kV、345kV、380kV、400kV、500kV、735kV、750kV、765kV 发展；20 世纪 60 年代末，开始进行1 000kV(1 100kV、1 150kV)和1 500kV电压等级特高压输电工程的可行性研究和特高压输电技术的研发。

我国电网工程按照电压等级一般可划分为：特高压(1 000kV交流及以上和±800kV 直流)、超高压（330kV 及以上至1 000kV以下)、高压（35～220kV)、中压（6～20kV)、低压（0.4kV）五类。我国电网主要是在中华人民共和国成立之后发展起来的。1952年，自主建设了 110kV 输电线路，逐渐形成了京津唐 110kV 输电网。1954 年，建成了丰满—李石寨 220kV 输电线路，逐渐形成东北 220kV 骨干网架。1972 年，建成 330kV 刘家峡—关中输电线路，全长 534km，逐渐形成西北 330kV 骨干网架。1981 年，建成500kV 姚孟—武昌输电线路，全长 595km，逐步形成华中 500kV 骨干网架。1989 年，建成±500kV 葛洲坝—上海高压直流输电线路，实现了华中—华东两大区的直流联网。2005 年，在西北电网建成第一条 750kV 输电线路。2008 年，建成晋东南—南阳—荆门1 000kV特高压交流输电试验示范工程。2010 年，建成±800kV 云南—广东（500 万千瓦级)、向家坝—上海（700 万千瓦级）特高压直流输电示范工程，成为目前世界上交直流运行电压等级最高的国家。随着电网工程的加快建设，我国已形成以 500kV（西北地区为 330kV、750kV）电压等级为主的主网架，并在原有华北、东北、华东、华中、南方和西北六大区域电网的基础上，形成了除台湾地区以外全国联网的新格局。

2.1.2　电网工程建设过程

电网工程项目建设过程一般分为规划前期、设计施工阶段、设备调试及验收阶段。电网公司一般根据项目的建设计划编制里程碑对项目进行精细化管理。电网建设项目里程碑计划进度表见附录 1。

一项电网工程，在建设环节的成本节约，远不如在前期工作中依靠扎实的调研、走访、科研得到科学合理的电网规划带来的成本节约来得更直接。《国家电网公司电网前期工作管理办法》明确规定：“电网项目前期工作中应大力推行典型设计、典型造价、通用设备，严格控制工程造价，大量采用同塔双（多）回、大容量变压器、串联补偿装置、变电站小型化等节约土地、保护环境、节能降耗的先进适用技术，做到经济效益和社会效益的协调统一。”

在项目规划及前期阶段，建设单位及设计单位需要对工程建设条件进行大量的调研和协调，让有限的土地、空间、环境、资金办成“最大的事”。电网项目前期工作能够根据变电站、换流站以及线路的地理位置调整，合理布局，节省后期电网建设、运行和维护成本，使电网工程投运后发挥最大的效益。

电网建设项目设计一般采用国网公司典型化设计。典型化设计是有利于实施集约化管理、统一工程建设标准、规范建设管理及合理控制工程造价的重要手段。工程施工一般包括场地三通一平、施工临时设施建设、施工图纸会审、单位工程施工方案报审及施工准备、建筑物定位放线、桩基施工（若有）、土方开挖、桩头处理及桩基试验、基础垫层施工、基础施工、基础交安、电力设备安装及附属系统安装、电气设备二次灌浆、设备单体调试、设备系统调试、整机调试、试运行、性能试验、投产。

工程建成后，由项目建设管理单位组织监理、设计、施工、物资供应、调试及调度部门代表人员成立工程竣工验收委员会，对工程进行启动调试、试运行。启动调试和试运行包括：（1）考核输变电项目设备和线路带电后的运行情况，看能否达到设计要求，并对工程全部设施的质量进行验收检查。（2）考核工程性能是否满足设计要求、质量是否符合国家规定、是否达到设计和施工验收规范标准，并对有缺陷的地方提出整改意见。启动调试和试运行后，具备交接验收条件的，交付生产运行单位并开展竣工环保验收。

2.1.3 电网工程社会经济效益

在现实社会生活中，各类能源最终服务人类社会的有效载体是通过电网，无论是百姓生活，还是工业生产、农业生产以及城市功能的实现，都离不开电网建设。电网建设对于服务百姓生活、完善城市功能、推动经济发展以及缓解能源危机十分有效，对社会的发展十分重要。

1. 电网建设服务百姓生活

21 世纪以来，人类社会全面进入知识经济时代、网络时代，在当下，人们很难想象到离开电能的生活。电网建设在服务百姓生活方面取得了长足的进步，方便了人们的生活。人们可以用家用电器帮助自己做很多事情，解放了双手，节约了大量的时间。

2. 电网建设完善城市功能

电网建设对社会的另一个重要作用就是完善了城市功能。在当前，随着我国社会生产力的迅速发展，我国城市化水平不断提高，人们纷纷涌进城市，这对城市本身也构成了相当大的挑战，而这一挑战的重点内容就在于城市能否满足人们的各项要求。电网建设事业的不断发展在很大程度上完善了城市功能，主要体现在如下几个方面：

（1）完善的交通系统

在我国众多的大城市中，很多城市开始兴建自己的地铁系统，地铁系统将大大方便人们的出行。规模较小的城市没有能力建设地铁，但是完善的电车系统以及公交指示系统也大大方便了人们的出行。

（2）完善的公共设施

电网事业的发展也为城市实现各种公共设施提供了可能。露天电影、各种主题公园以及城市标志性建筑上都需要大量的电能，而这一切在今天都不是问题。

从上面的分析中我们可以看出，随着电网建设事业的不断进步，我国城市功能得到了完善，在不断满足人们对城市要求的同时，也从独特的角度推动了社会的发展。

3. 电网建设推动经济发展

电网建设事业的发展对社会推动的一个重要方面就在于推动了经济的发展。我国是著名的“世界工厂”，各地经济的发展都要依靠大量的电能。电网建设推动经济发展主要表现在如下两个方面：

(1) 电网建设推动农村地区发展

在以往，由于电能的缺失，农村地区没有办法及时获得市场上的各类资讯，进而导致没有能力将各类农产品及时地运送出去，错失销售良机，导致农产品生产经济效益极差，进而形成恶性循环。

在当前，农村地区人们有能力在第一时间获得市场上第一手资讯，能够及时了解市场动向，从而制订好农产品的生产和销售计划。另外一方面，当前很多农村经济体都拥有各类用电机械，以实现农产品的粗加工和部分精加工，这就大大推动了农村经济的发展。此外，很多农村地区不仅仅进行农产品的生产和销售，还能够进行各种轻工业和重工业的生产，这一切都要归功于电网建设。

(2) 电网建设推动城市经济发展

城市和农村地区相比，人口密度更高，更加有利于开展各种生产活动。在以往，由于我国电力事业建设水平较为低下，很多大型机械和大型设备难以使用，这一硬伤就导致很多产业难以在我国开展，阻碍了经济的发展。

在当前，由于我国电网建设事业的不断前进，各种大型设备都能够使用，这对于我国在基础设施建设方面有着极大的推动作用。随着基础设施建设的发展，我们就能够生产各类重型机械，重工业得以发展，进而推动轻工业发展，最终促使整个工业体系的不断完善。

4. 电网建设缓解能源危机

当前，能源问题已经成为世界性问题，很多国家为了能源利益甚至大打出手。而做好电网建设能够大大缓解能源危机，这对我国的长治久安有着十分重要的意义。这主要表现在如下两个方面：

（1）电网建设促进电能的优化配置

我国的电力系统中电能种类很多，水电、火电、风电、核电、太阳能电、潮汐发电等，这么多种类的电能在生产和使用上的机制各不相同。如果不进行电网建设，这些电能一起涌向市场，势必造成电力市场的混乱、资源的浪费以及用电不安全因素的出现等。比如，风电作为最清洁的电能也有着很大的硬伤，风力发电由于自身发电原理的特殊性，最终能够实现并网的电能很少，大规模进行风电建设而不能被利用到生产建设中去，浪费就十分严重，这并不是我们所要看到的。智能电网建设就能够很好地解决这一问题，实现各种电能的优化组合，在充分保证电能供应的基础上，能够大大减少资源的消耗。

随着我国经济社会的不断发展，电力需求快速增长，能源开发重心也不断向我国西北部地区倾斜。现有电网格局发展必须适应全国范围能源的优化配置，尤其是清洁能源大规模开发利用的需要以及生态环境发展的需要。加大煤电基地建设力度，加快发展特高压跨区输电，转变“就地平衡”为主的传统电力发展模式，构建“跨区输电”为主的电力发展模式，实现输煤输电并举。

我国生态环境矛盾日益突出。出现较多酸雨天气的城市基本分布在我国中东部地区，中东部地区单位国土面积的二氧化硫排放量为西部地区的 5 倍。频繁出现的雾霾天气，已成为人民群众的“心肺之患”。与输煤相比，采用高压输电能促进我国环保空间优化和生态环境保护。通过统筹规划建设特高压网架和西部、北部大型坑口电厂，2020 年中东部地区每年可以减排二氧化硫 55 万吨，减少环境损失 45 亿元。通过煤电一体化建设，可实现煤矿与电厂在水、煤、灰、土地等资源配置上的互补和综合利用，大大减轻煤炭开采对生态环境的破坏。

特高压电网具有输电容量大、距离远、占地少、能耗低、经济性好的优点，是我国能源资源大范围配置的重要手段。发展特高压电网，能够充分发挥大电网的网络市场功能。提高输电在能源输送中的比重，能有效保障能源供应的安全，并促进我国东、西部地区经济协调统一发展。

（2）峰谷电的使用促使合理用电

在我国大多数地区都建立了峰谷电机制。这一机制在我们建立工业用电、民用电机制的基础上进一步促进了用电行为的规范，帮助我们实现用电的合理化，实现资源的优化配置。

2.2　电网工程环境影响

电网工程在其建设和运行阶段均会产生一定的环境影响。电网项目建设期的主要环境影响包括施工扬尘、废污水、施工噪声、固体废弃物、土地占用、植被破坏及水土流失等；电网工程在其运行期间的主要环境影响为工频电磁场、噪声、生活污水、生活垃圾、事故废油、废铅酸蓄电池等。工频电场和磁场均属于感应场，其对环境的影响不同于一般的废气、废水、固体废弃物及放射性等，其并不具有累积性。

2.2.1　电网工程电磁环境影响

1. 电磁辐射

作为人类赖以生存的地球，地球自身的磁场、电荷构成了地球自然的电磁环境。同时，宇宙中出现的各种射线、粒子也会产生相应辐射作用于地球。此外，人类生产生活所需的各类设施也会或多或少地影响人们身边的电磁环境。

电磁环境作为电网工程特有的环境现象，包括由带电导体产生的电场、载流导体产生的磁场等。我国电力系统的电源工作频率（工频）为50Hz，波长为6 000km，属于极低频（0~300Hz）范围。从电磁场理论可知，只有一个电磁系统的尺度与其工作波长相当时，该系统才能向空间有效发射电磁能量，但电网工程相关设施的尺寸远远小于这一长度，不能产生有效的电磁能量发射。亦有不少电网方面的专家指出：将电网工程周围的电磁环境称为电磁辐射是不科学的，这一错误的说法也会使公众对电网工程的安全性造成误解。

电磁辐射就是能量以电磁波形式发射到空间的现象。人类生存的地球本身就是一个大磁场，它表面的热辐射和雷电都可产生电磁辐射，太阳及其他星球也从外层空间源源不断地产生电磁辐射。围绕在人类身边的天然磁场、太阳光、家用电器等都会发出强度不同的辐射。电磁辐射是物质内部原子、分子处于运动状态的一种外在表现形式。

电磁辐射有一个电场和磁场分量的振荡，分别在两个相互垂直的方向传播能量。电磁辐射根据频率或波长分为不同类型，这些类型包括（按序增加频率）：电力、无线电波、微波、太赫兹辐射、红外辐射、可见光、紫外线、X 射线和伽马射线。其中，无线电波的波长最长，而伽马射线的波长最短。X 射线和伽马射线电离能力很强，其他电磁辐射电离能力相对较弱。

电磁辐射作用于人体的后果主要分为热效应和非热效应。热效应是指人体中所含的水分子受到一定强度电磁辐射后互相摩擦，引起机体升温，从而影响体内器官的工作温度；非热效应的主要危害在于外界电磁场的干扰强度过大，影响甚至破坏人体器官和组织内稳定和有序的微弱的电磁场。但据检测到的数据显示，电网工程产生的磁场强度远远低于国家标准，可以忽略不计。

2. 电网工程电磁环境影响特性

（1）变电站

变电站运行时各种带电导体的电荷和在接地架构上感应的电荷在空间产生了工频电场，变压器、电抗器等载流导体产生了工频磁场。由于载流导体设备多样以及布置的复杂性，变电站内工频电场及工频磁场实际上都是一个复杂的三维场。

变电站工频电场及磁感应强度分布一般具有如下特点：

对于户内和 GIS 变电站，由于建筑物和金属封闭外壳的屏蔽作用，工频电场基本被屏蔽在内，只有架空进出线下方存在较高场强。电气设备的高压带电部分离地越近或尺寸越大，地面场强就越大，一般变电站的最大地面工频电场出现在互感器、避雷器或断路器下方。架构、设备壳体、底座等金属接地物对电场具有明显的屏蔽作用，附近地面的工频电场水平较低。而变电站站外由于围墙的屏蔽作用，围墙外的地面工频电场强度整体较小，仅在靠近带电构架或进出线附近。站外工频电场强度随着距离的增加，工频电场强度衰减很快。

变电站较大工频磁感应强度一般出现在进线阻波器下，这是由于阻波器是由多匝线圈组成。随着与载流导体的距离的增加，工频磁场衰减得很快。

（2）输电线路

当交流架空输电线路带电后，在其空间会产生工频电磁场。其工频电场大小和分布主要取决于导线对地高度、相间距离、相序排列、导线布置方式和导线参数等。

①导线对地高度：抬升导线的架设高度，可增加电场在空间的衰减距离，有效降低地面上方的工频电磁场。当导线对地高度较低时，增加导线高度对减少工频电磁场的效果较为明显。但是，导线与地面的距离增加到一定高度后，再增加高度对减少工频电磁场的效果就会越来越小。

②相序排列：相导线按逆相序方式布置时线下工频电磁场幅值最小，按同相序布置时工频电场幅值最大。这主要是由于按逆相序方式布置时相邻相导线的相位不同，非同名相导线产生的工频电场在空间抵消作用较强，使空间工频电场水平降低。而按同相序布置时则相反，同相序导线产生的工频电场在空间合成，增加了空间的电场水平。

③导线参数：导线参数包括分裂数、分裂间距及子导线直径，导线参数变化时主要影响导线表面处的电场强度，并因此对线下地面处的工频电场产生一定影响。增加导线分裂数、分裂间距和子导线直径可使分裂导线的等效半径增加，从而增大导线自电容和与其他导线之间的互电容，进而使导线上的总电荷量增加，最终增大地面工频电场强度。

④导线电流的影响：电压不变的情况下，导线通过的电流越大，则线下相同位置的地面工频磁感应强度就越大。

3. 电离辐射与非电离辐射

（1）电离辐射

高频率（短波长）电磁波的光子会比低频率（长波长）电磁

波的光子携带更多的能量。一些电磁波的每个光子携带的能量可以大到拥有破坏分子间化学键的能力。在电磁波谱中，放射性物质产生的伽马射线、宇宙射线和 X 光具有这种特性，被称作“电离性辐射”，电离辐射一般指波长小于 100nm 的电磁辐射。

在电离辐射作用下，机体的反应程度取决于电离辐射的种类、剂量、照射条件及机体的敏感性。电离辐射可引起放射病，它是机体的全身性反应，几乎所有器官、系统均发生病理改变，但其中以神经系统、造血器官和消化系统的改变最为明显。电离辐射对机体的损伤可分为急性放射性损伤和慢性放射性损伤。短时间内接受一定剂量的照射，可引起机体的急性损伤，平时见于核事故和放射治疗病人。而较长时间内分散接受一定剂量的照射，可引起慢性放射性损伤，如皮肤损伤、造血障碍、白细胞减少、生育力受损等。另外，辐射还可以致癌以及引起胎儿的死亡和畸形。

（2）非电离辐射

光子的能量不足以破坏分子化学键的电磁场称作“非电离性辐射”。组成我们现代生活重要部分的一些电磁场的人造来源，像电力（输变电、家用电器等）、微波（微波炉、微波信号发射塔等）、无线电波（手机移动通信、广播电视发射塔等），在电磁波谱中处于相对长的波长和低的频率一端，它们的光子没有能力破坏化学键。因此，此类电磁波为非电离性电磁场，对人体影响为即时性，类似声波影响，而电离对人体影响为累积性。

电网工程中产生的工频电磁场即为非电离辐射的一种，而非上文中所说的电离辐射，但在日常生活中，人们甚至部分媒体经常将两者混为一谈，危言耸听，夸大了电网工程的危害性。

工频电场是一种 50Hz 频率交变的准静态场，它的一些效应可用静电场的一般概念来分析。在工频电场中，电场方向周期性地变化，引起电场中的任何导体内部正、负电荷的往返运动，在导体内感生出交变的感应电动势，该电动势的大小仅与导体的形状及电场的强弱有关，而在很大范围内与导体的电阻率无关，也即与导体本身的性质无关。而电网工程中工频电场的大小和分布与线路的结构、导线形式、排列方式、对地高度等因素有关，测量结果表明，输电线路的工频电场在边相导线数十米外将会迅速衰减。输电线路的工频电场强度的分布规律主要有：

①在距地面 0~2m 的空间，电场强度可近似视为均匀分布；

②地面附近场强的最大值出现在边相外不远处，随着距离增加而减小，距离越远，电场强度衰减速率越快；

③空间中任一点的工频电场是三相导线相互作用的结果，空间中任一点工频电场的场强的大小和方向都是随时间周期变化的。

电网工程的载流体均在周围产生磁场，磁场的大小与载流体的电流大小成正比。不同的导线结构、布置形式等均会对工频磁场强度产生影响。

电网工程产生的工频磁场强度的主要特点有：

①工频磁场强度随用电负荷也即电流大小变化而变化；

②随着与输电线路距离增加，工频磁场强度快速下降，并且与工频电场强度相比下降得更快。

4. 电磁环境影响研究现状

如果电磁场可以对人体健康构成威胁，那么所有的工业化国家将无一幸免。社会公众越来越急切地想要知道日常生活中的电磁场会不会导致对人体健康有害的效应这一问题的具体答案。媒体似乎已经给出了确定的答案。然而，大家需要谨慎地看待这些新闻报道，有时候媒体的主要兴趣并不在教育公众上。一个记者在选取和报道新闻的时候要受到很多非技术因素的影响，比如记者和记者间要在时间和空间上进行竞争，不同的报纸和杂志之间要为发行量进行竞争。与尽可能多的人有密切联系而且新奇、耸人听闻的新闻标题可以达到上面的这些目标——坏消息可以成为更大的新闻。大量反映电磁场无害的研究结果几乎很少被报道。科学虽然不能提供绝对的安全保证，但是更多的研究进展可以让我们总体上越来越放心。世界卫生组织国际电磁场项目的主要目的是发动和协调全世界的研究人员对公众的担忧进行有充足基础的回应。这个项目将整合细胞、动物和人体健康的研究结果，让对健康风险的评估尽可能地完整。对各种相关的可信研究进行完整的评估，将可以对长期在微弱电磁场下暴露是否会产生有害健康的效应提供尽可能可靠的答案。

（1）各种类型的研究

不同学科领域的交叉性研究对于评价电磁场对人体可能的有害效应是非常必要的，不同类型的研究探索了这个问题的不同侧面。

生物细胞的实验室研究主要是为了阐明电磁场下的暴露与生物效应之间联系的基本机理。他们尝试着鉴别出电磁场带来的基于分子和细胞变化的机理，这样的改变可以为理解物理作用是怎样在人体内转换为生物效应提供线索。

另一类研究是动物研究，这些研究为制定人体暴露的安全标准提供了更加直接相关的证据。研究中经常使用几种不同强度的电磁场来探索剂量-反应的关系。

流行病学调查或者人体健康的研究是另一个对于长期暴露影响的直接信息来源。这些研究探索在真实生活情形中，包括居住的社区中和职业群体中疾病的病因和发病分布。研究人员试图发现电磁场下的暴露与某种疾病的发病或者有害的健康效应之间有没有数据上的联系。然而流行病学的调查需要大量的人力物力财力。更重要的是，他们需要在非常复杂的人群中进行测量，很难控制好各种条件以检测出很微小的效应。由于这些原因，科学家在对可能的健康威胁做判断的时候会考虑所有的相关证据，包括流行病学研究、动物实验和细胞实验。

（2）研究进展

首先，对于超过一定强度的电磁场可以导致生物效应这一点是没有争议的。其次，对健康志愿者的实验显示，短期暴露在环境中或者家中正常强度下的电磁场不会造成任何明显的有害效应。在可能造成伤害的更高强度的电磁场中的暴露是被国家和国际安全准则严格限制的。因此，目前的争议主要集中在长期的低强度暴露是否会引起生物效应和影响人类。到目前为止，低强度长时间暴露在射频和工频的电磁场下的负面健康影响并没有得到确证，但是科学家也在积极地进一步研究这一领域。根据最近一项对科学文献的深入回顾，世界卫生组织作出结论，目前的证据不足以确认暴露在低强度的电磁场下会造成任何的健康隐患。

一些社会公众把众多的症状都归结于低强度电磁场下的暴露。报告的症状包括头痛、焦虑、自杀、抑郁、恶心、疲劳和性欲减退。到目前为止，科学证据并不支持这些症状与电磁场中的暴露有任何联系。至少这些健康问题中的一部分是由环境中噪音或者其他因素导致的，或者由于心理上对新技术的焦虑而产生的。

下面主要介绍电磁场对于某些公众关注的具体事例的影响。

①对于怀孕结果的影响：

对于生活和工作环境中很多不同来源的电磁场下的暴露，世界卫生组织和其他的组织都进行过评估。总的结果显示，暴露在正常环境的电磁场强度下，不会增加自然流产、胎儿畸形、低出生体重、先天性疾病等不良结果的风险。有少数的报告间接推测出电磁场暴露与健康问题之间有关联，如在电子行业工作的工人的子女有早熟和低出生体重的现象，但是这些结果没有被科学界认为一定是电磁场辐射造成的（要考虑到其他因素如接触化学溶剂等）。

②与白内障发病率的关系：

在接触高强度射频和微波辐射的工人中，偶尔会有普通的眼部刺激和白内障的报告，但是动物的实验结果并不支持在没有达到加热危险的电磁场强度下会产生这样形式的眼部伤害。更没有证据显示这样的效应会在大众接触到的电磁场强度下发生。

③电磁场和癌症之间的关系：

尽管已经进行了很多研究，电磁场是否会对癌症的发生产生某些效应还是有很多的争议。但是可以肯定的是，如果电磁场对于癌症真的有一定的效应，那么对于患癌风险的增加也是极其微小的，且目前的结果还存在很多相互矛盾的地方。

一些流行病学调查发现暴露在家中的极低频磁场可以稍微增加儿童患白血病的风险，但是科学家普遍没有下结论认为这些结果表明电磁场下的暴露和疾病之间有因果关系。从某种程度上说，结论可能是两者之间没有因果关系，因为动物实验和实验室的结果没有显示任何可以重复的效应，与电磁场可以导致癌症或者加速癌症进程的假设相吻合。在多个国家，大规模的研究都在进行之中，这或许可以帮助解决这些问题。

④电磁场的超敏感性和情绪低落：

一些人士报告对于电场或者磁场具有超敏感性，他们怀疑身体疼痛、头痛、情绪低落、嗜睡、睡眠失调，甚至抽搐、癫痫发作等可能与电磁场的暴露有某种联系。

几乎没有科学证据证明电磁场的超敏感性。最近斯堪的纳维亚的研究证明这些人士在恰当控制的电磁场暴露实验条件下没有展示出同样的反应。而且也没有任何可以接受的生物机理来解释超敏感性。这一课题的研究比较困难，因为不仅仅是电磁场单独的直接效应，各种其他的主观反应也会掺杂其中。关于这一课题更多的研究还在进行之中。

（3）对于研究结果的解读

首先，对流行病学研究结果的解读。

单独的流行病学调查不能建立明显的因果关系，主要因为它们只能发现电磁场下的暴露和疾病之间的统计联系，但是这种联系未必是由暴露造成的。设想一项假想的研究发现了在某电力公司工作的电力工人在电磁场下的暴露与患癌症的风险增加有关系。即使统计上的联系可以被观察到，也可能因为是工作场所其他因素的不完整数据造成的。例如，电力工人可能会接触到可能导致癌症的化学溶剂。此外，观察到的统计上的联系可能只是因为统计上的一些效应，或者研究本身的设计存在一些问题。

所以，发现某种物质和某种疾病之间具有一定的联系并不必然意味着这种物质会导致这种疾病。确定因果联系需要研究人员考虑很多因素。如果电磁场暴露同后果之间有一致的和很强的联系，有很明显的剂量效果的关系，有可信的生物学解释，外加相关动物实验的支持，这些所有的研究结果都相互一致，案例的因果关联才会比较强。而在有关电磁场和癌症的实验中，这些条件并不存在。这也是大多数的科学家普遍不接受微弱的电磁场具有健康效应的观点的重要原因之一。

其次，排除微小风险可能性的困难。

“没有可以信服的证据证明电磁场会产生有害的健康效应”或者“电磁场和癌症之间的因果关系没有得到证实”，是调查过这一议题的专家委员会的普遍结论。这听起来似乎科学界在回避给出答案。

那为什么科学家已经发现没有效应，研究还要继续下去呢？

答案很简单，对人类健康的研究很容易发现明显的效应，像吸烟和癌症之间的联系。不幸的是，这些研究不容易在不明显的效应和完全没有效应之间进行区分。如果在正常环境中电磁场是明显的致癌物，则很早之前就会被轻易地发现。作为对比，如果微弱的电磁场是弱致癌物，或者只是对某一个小的人群是强致癌物，则发现这种效应就是非常难的。事实上，即使一项很大型的研究证实两者之间没有联系，我们仍然不能完全确定真的就完全没有联系。没有发现某种效应，可能意味着这种效应真的没有，也可能意味着这种效应仅仅在我们的观测方法下检测不到。

总之，在对电磁环境可能带来的健康风险下结论的时候，各种不同的研究结果（细胞学、动物实验和流行病学）必须放在一起考虑。从这些完全不同类型的研究得到的一致的证据才可以增加一个真实效应存在的可信程度。

2.2.2　电网工程声环境影响

1. 电网工程噪声主要特性

电网工程在施工期的噪声主要由大型机械设备工作运转产生，随着施工的结束而消失，持续时间较短，影响较小。运行期噪声则主要来自变压器、电抗器及输电线路，会对周围声环境产生不利影响。

(1) 变压器噪声

变压器噪声是由变压器本体的振动和冷却风扇的转动而产生的。而变压器本体是指变压器内的铁心、绕组、油箱及冷却装置等。

变压器本体噪声来源有：硅钢片的磁致伸缩引起的铁心振动，硅钢片接缝处和叠片间因磁通穿过片间而产生的电磁力引起的铁心振动；负载电流通过绕组时，因漏磁通在绕组导体间产生电磁力而引起绕组的振动；漏磁通引起油箱壁（包括磁屏蔽等）的振动。

变压器冷却装置噪声包括冷却风扇运转产生的空气动力噪声和变压器本体振动传递给冷却装置并向外辐射的噪声。其中，空气动力噪声为主要部分，包括由风机叶轮旋转时周期性地向外排气所造成的压力脉动而产生的周期性排气噪声、气体涡流在风机叶轮界面上分裂时引起的涡流噪声。风机排气噪声与叶轮的转速、排气的流量和静压等因素有关，频率呈低中频特性，并伴有一定峰值。涡流噪声取决于风机叶轮的形状及气流相对于机体的流速和流态，一般为连续的高频噪声。

变压器声功率级是表征变压器声能量的特征参数，变压器声功率级随其额定容量的增加而增大。变压器声功率级由设备生产厂家提供。为掌握变压器的噪声源强参数，在变压器出厂试验时对其声功率级进行测量，并标注在设备铭牌上。

（2）电抗器噪声

并联电抗器是一种无功补偿设备，通常安装在超高压或特高压变电站低压侧的母线上或线路出线端。安装在变电站低压侧母线上的并联电抗器通常称为低压并联电抗器，用来配合低压电容调节系统无功，容量较小，产生的噪音也较低，对站外声环境影响也较小。安装于线路出线侧的并联电抗器通常称为高压并联电抗器，用于补偿线路的电容效应引起的工频电压升高。高压并联电抗器的容量较大，且安装于距厂界较近的出线侧，向外环境排放的噪音也比较高，因此是超高压或特高压变电站的主要噪声源之一。

高压并联电抗器采用油浸式结构，由铁心、绕组、油箱、冷却装置等部件组成。铁心和绕组是高压并联电抗器的主要组成部分，其中铁心由铁心柱和铁轭两部分组成，铁心柱由铁心饼叠装而成，每块铁心饼间由多片陶瓷隔开。线圈通常采用多层圆筒式结构。冷却装置一般有风冷和自冷两种。

高压并联电抗器的噪声主要来自铁心振动和冷却风扇转动两方面。其中铁心振动由硅钢片磁致伸缩和铁心饼间电磁力引起。

高压并联电抗器冷却风扇与变压器冷却装置产生噪声的原理基本一致，但是电抗器冷却风扇的功率比变压器风扇更低，因此其产生的噪声更小。

（3）输电线路噪声

电网输电线路的主要功能是传导电流。按结构形式，输电线路一般分为架空线路和电缆线路。架空线路由杆塔、导线、绝缘子及金具组成，并根据在同一杆塔上架设线路的回数，分为单回、双回及多回线路等。架空导线根据结构型式分为单分裂、双分裂及多分裂导线。通常 110kV 架空线路为单分裂导线，220kV 及以上的架空线路采用多分裂导线。高压电缆由导体、绝缘层、内护层、填充料及铠装等部分组成，应用于 500kV 及以下电压等级的输电线路中。电缆线路基本上不产生噪音，架空线路通电后由于导线电晕放电而产生噪音。这即是输电线路噪声的主要来源。

导线电晕放电是架空线路噪声的主要来源，而电晕放电程度跟导线表面的电场强度相关。因此，导线型式、导线排列方式、导线对地高度及周围环境因素等这些影响导线电场强度的因素都会影响导线的噪声。

①导线型式：

导线型式分为单根导线和多分裂导线。多分裂导线型式，即每相导线由几根直径较小的子导线组成，子导线间隔一定距离按对称多角形排列，子导线的数目称为分裂导线数。

110kV 电压等级架空线路为单根导线，如果输送电压等级升高，导线表面的电场强度增大，电晕放电程度增加，线路损耗也会增加。采用多分裂导线方式，是为了抑制电晕放电，减少线路阻抗，降低线路损耗，提高输送能力。

当输送电压一定时，如果选取的子导线直径相同，增加导线分裂数，导线表面电荷密度减小，导线表面的电场强度降低，电晕放电程度会随之减弱，线路电晕噪声降低。而如果导线分裂数相同，当子导线直径增加时，导线表面电场强度降低，电晕放电程度也随之减弱，线路电晕噪声降低。

②导线排列方式：

交流输电线路导线噪声还跟导线的排列方式相关。一般来说，单回架空线路相导线有水平及三角形两种排列方式，这两种方式的导线表面电场强度差别较小，噪声区别也较小。

而同塔双回线路，相导线采用同相序排列比逆相序排列导线表面场强要小，电晕放电程度也相对较弱，电晕噪声也较小。但是逆相序能有效降低地面的工频电场强度。因此在实际应用中，同塔双回线路多采用逆相序排列。

③导线对地高度：

提高架空输电线路对地高度，会在一定程度上降低导线表面的电场场强，减弱电晕放电程度，可有效地降低导线电晕噪声。

另外，架空输电线路导线对地高度越大，声源到受声点的距离越远，噪声在传播过程中衰减越大，因此地面受声点处的噪声也越小。

④环境因素：

输电线路的可听噪声主要发生在坏天气条件下。在晴朗干燥天气条件下，导线电位梯度通常是在电晕起始水平下运行，电晕噪声较小。但是在潮湿的雨天或雾天，因为水珠聚集在导线上，使导线表面电场强度增加，产生电晕放电。

2. 电网工程噪声的影响

世界卫生组织和欧盟合作研究中心曾公开了一份关于噪音对健康影响的全面报告《噪音污染导致的疾病负担》。这是近年来对噪音污染研究最为全面的一份报告。尽管其对象是欧洲尤其是西欧发达国家，但它却是第一次指出噪音污染不仅只让人烦躁、睡眠差，更会引发或触发心脏病、学习障碍和耳鸣等疾病，进而减少人的寿命。噪音危害已成为继空气污染之后的人类公共健康的第二个杀手。

噪音对人的心理影响主要表现为主观烦恼，包括注意力不集中、记忆力衰退、思维能力下降等。一般而言，噪声声压级越高，人们主观烦恼也越明显。在噪音 A 声级相同的情形下，低频成分占比较大的噪音所引起的主观烦恼要高于高频成分占比大的噪声。

日常生活中电网工程噪声的声压级都比较低，不会引发人的听力损伤，也不会给人带来其他疾病。电网工程在建设中必须积极采取各种降噪措施，降低运行期的噪声声压级，使厂界和周围居民区的噪声满足相应的声功能区划标准要求，确保不会对周围居民的生理和心理带来不良影响。

2.2.3　电网工程其他影响

1. 施工期

施工噪声主要是由变电站、输电线路、施工时使用的各种机械设备运行产生的，施工所使用的机械设备主要包括挖掘机、砼搅拌机、起重机以及运输车辆等。

施工废水包括施工生产废水及施工人员的生活污水。施工生产废水主要是基础开挖产生的地下排水、施工机械设备的冲洗废水、清理施工场地形成的冲洗废水以及雨水冲刷施工场地形成的废水。施工生活污水主要为变电站、输电线路建设以及改扩建期间施工人员产生的生活污水，产生量与施工人数有关，包括粪便污水、洗涤废水等。

施工期产生的废气主要是施工扬尘。变电站、输电线路施工过程中土石方的开挖、回填将破坏原施工作业面的土壤结构，干燥天气尤其是大风条件下很容易产生扬尘，这些扬尘均为无组织排放。同时，施工现场内车辆行驶及建筑材料（水泥、石灰、砂石料）的运输、装卸、储存和使用过程也会产生少量扬尘。

施工固体废弃物主要包括施工人员产生的生活垃圾以及塔基基础施工、电缆通道开挖产生的弃土弃渣等建筑垃圾。

施工期对生态的影响主要是变电站施工、线路塔基施工、电缆通道开挖占用土地、破坏植被以及由此可能引起的水土流失。

2. 运行期

电网项目运行期的环境影响除了电磁环境及声环境之外，主要为生产生活废水及固体废物、废油等。

变电站运行期间值守人员会产生少量的生活污水。输电线路运行期不产生废水。运行期固体废弃物包括变电站正常运行时值守人员产生的少量生活垃圾，输电线路运行期定期更换的旧金具和绝缘子，主变压器在事故、检修过程中可能产生的少量含油废物以及变电站直流系统运行过程中产生的废蓄电池。

2.3 电网工程环境管理

电网作为连接电源和电力用户的重要输送通道，承担着优化能源资源配置、保障国家能源安全和促进国民经济发展的责任。通过优化电网规划和建设布局，可在国家能源结构调整、清洁能源发展、节能减排，在支持经济发展和改善民生，实践“绿色发展”、可持续发展等方面发挥重要的支撑和引导作用。

随着我国国民经济的快速发展和人民生活水平的稳步提高，电网建设也进入了高速发展阶段，电压等级从低压、高压、超高压发展到特高压。与此同时，国家监管和社会舆情对环境保护也提出了更高的要求，环境保护的重要性日益凸显。2015 年以来，国家环保法律法规日趋严格，环境监管、环保督查力度不断加大，电网建设运行中的环境影响逐渐成为人们关注的热点。电网企业作为关系国家能源安全和国民经济命脉的国有重要骨干企业，在电网发展过程中要坚持环境保护，坚持可持续发展战略并加强电网环境保护管理，做到电网建设与环境保护同步规划、同步实施、同步发展。电网环保管理是一项全方位、综合性的工作，涉及环保管理体系构建、电网环保全过程管理、宣传与培训、协调沟通、检查与考核等环节。目前主要管理内容包括以下几个方面：

（1）电网环保管理制度体系

电网环保管理制度体系建设是开展电网环保工作的基础。近几年来，国家电网公司依据国家环保法律、法规，结合电网环保工作的实际需要，先后制定和颁布了《国家电网公司环境保护管理办法》《国家电网公司环境保护监督规定》《国家电网公司环境保护工作考核办法》《国家电网公司环境污染事件处置应急预案》《国家电网公司电网建设项目环境影响评价管理办法》《国家电网公司电网建设项目竣工环境保护验收管理办法》等文件。除以上一些基本和专项管理制度外，还逐步配套出台了一些与环保相关的工作指导意见与规范，逐步形成了电网环保工作的制度体系。

（2）电网环保管理组织体系

国家电网公司环境保护工作实行全过程归口管理和分级负责制度。国家电网公司建立了包括环保领导小组、环保归口管理部门和环保相关职能部门在内的环保管理组织体系，国家电网公司、网省（自治区、直辖市）公司、地市公司的三级管理机构分别负责开展本级环保工作并管理指导下一级的环保工作。电网公司三级环保管理体系如图 2.1 所示。

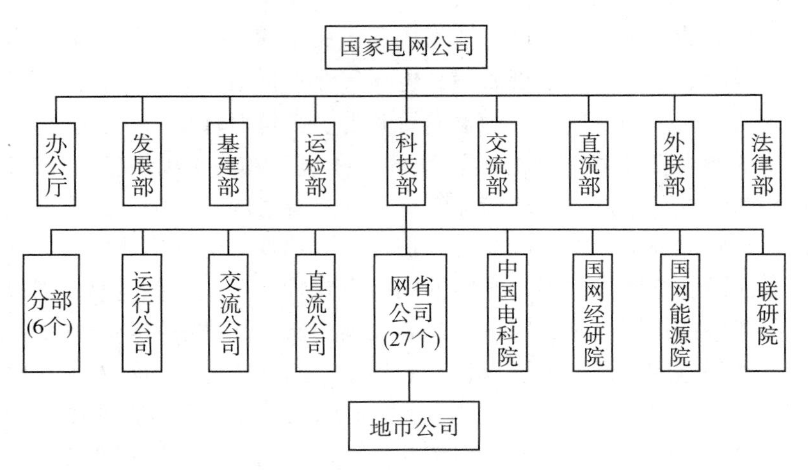

图 2.1　电网公司三级环保管理体系

（3）电网规划设计

在电网环保管理制度和组织体系保障的基础上，根据区域电网负荷发展需求情况，电力部门组织开展电网规划设计，并委托咨询单位开展电网规划环评工作，从源头控制环境污染和生态破坏，使电力设施布局和城市公共资源配置更加科学、合理，消除电网规划可能造成的环境影响，进一步优化电网结构、规划和布局，实现电网与环境保护互为促进、协调发展。

（4）电网工程前期环境管理

2003 年 9 月 1 日《中华人民共和国环境影响评价法》正式实施，电网工程建设项目作为社会关注度高的项目列入了环境管理范围，110kV 及以上电网建设项目应开展环评工作，履行环评审批手续，如表 2.1 所示。此后，《环境影响评价法》又分别于 2016 年 7 月 2 日和 2018 年 12 月 29 日进行了第一次修正和第二次修正，进一步明确了将环评批复作为工程开工条件，规定：建设项目的环境影响评价文件未依法经审批部门审查或者审查后未予批准的，建设单位不得开工建设。

表 2.1　　输变电工程环境影响评价类别

项目	编制环境影响评价报告书	编制环境影响评价报告表
输变电工程	500kV 及以上； 涉及环境敏感区的330kV及以上	其余 110kV 及以上的电网建设项目 （100kV 以下豁免管理）

电网工程环境保护须贯穿于工程全过程，在可研阶段，工程需开展可行性研究以及环境影响评价工作。工程可行性研究初步确定工程选址选线、技术方案以及污染控制和生态保护方案，从源头上减小工程环境影响。环境影响评价对可行性研究方案从环境保护的角度进行评价和分析，预测工程建成后可能产生的环境影响，并针对工程具体情况提出可行的环境保护措施，使工程建成后的环境影响能够满足相应的环境保护标准。

经过十几年的努力，我国已经初步建立高压输变电工程建设项目环境保护标准体系。特别是从 2013 年起，生态环境部陆续颁布了《交流输变电工程电磁环境监测方法》（HJ 681—2013）、《环境影响评价技术导则　输变电工程》（HJ 24—2014）、《建设项目竣工环境保护验收技术规范　输变电工程》（HJ 705—2014）、《电磁环境控制限值》（GB 8702—2014）等多项与输变电工程建设项目环境保护相关的技术标准，对加强电网环境保护工作具有极其重要的意义。根据《电磁环境控制限值》（GB 8702—2014）的规定，频率为 50Hz 时，以电场强度 4kV/m、磁感应强度 100μT 作为公众工频电场和工频磁场的曝露控制限值。另外，架空输电线路下的耕地园地、牧草地、禽畜饲养地、养殖水面、道路等场所，其工频

50Hz 的电场强度控制限值为 10kV/m。

电网工程噪声执行标准包括《声环境质量标准》《工业企业厂界环境噪声排放标准》《建筑施工场界环境噪声排放标准》；变电站和输电线路评价范围的环境保护目标执行所在声环境功能区类别的环境噪声限值。

目前，电网工程建设项目环境影响评价管理实施采取由生态环境部、省级环保厅、地市环保局组成的三级审批模式，并形成了国务院环保主管部门、省级、地级市、县级四级监管的模式。与此同时，电网公司建设项目环保管理职责也发生了较大调整，地市公司环保管理由运维检修部调整到发策部，大部分单位环保管理人员均为兼职工作，并建立了环评文件企业内审制度，在环评报告正式提交审批前，组织设计、规划、环保等工程相关技术人员对项目环评报告进行一次系统的审查把关。

根据生态环境部及各省份区域的分级审批管理规定，生态环境部主要负责跨境、跨省（自治区、直辖市）±500kV 及以上直流项目，跨境、跨省（自治区、直辖市）500kV、750kV、1 000kV交流项目审批、监管工作；省级环境保护行政主管部门负责不跨省的输变电工程建设项目审批、监管工作。近年来，大多数省级环境保护行政主管部门为了深化行政审批制度改革，将不跨市的 110kV、220kV、330kV 等输变电工程建设项目的环境影响评价审批工作下放到地级市。

环评批复后，设计单位需对环评文件中提出的各项环境保护措施落实到工程设计方案中，进一步优化选址选线，编制环境保护篇章。由于目前环评多在可研阶段开展，线路路径在环评阶段不落地，极易发生摆动，造成环境敏感目标变化较大。根据电网工程的这一环境影响特点，生态环境部办公厅于 2016 年 8 月 8 日发布了《关于印发〈输变电建设项目重大变动清单（试行）〉的通知》(环办辐射〔2016〕84 号)，明确了电网建设项目重大变动界定标准，对存在重大变动的应对变动内容进行环境影响评价并重新报批；同时，建设单位也进一步采取管理措施，加强电网工程设计阶段的环保复核，实行初步设计和施工图阶段的“两级”环评复核。

(5) 电网工程建设期环境管理

在施工阶段，工程施工单位应按照施工图纸，将各项环境保护措施落实到工程建设中。为保证各项环境保护措施得到落实，有效贯彻国家环境保护事中事后监管的管理要求，电网公司应组织开展环境监理和环境监测工作，配备专（兼）职人员负责施工期的环境管理与监督，督促项目施工单位落实环境影响评价及水土保持方案中的环境保护措施，确保电网工程建设过程中所存在的各类环境保护问题得到及时发现、有效防范和妥善处理，满足竣工环境保护验收条件。

(6) 电网工程运行期环境管理

2017 年 10 月 1 日，新修订的《建设项目环境保护管理条例》正式实施，将竣工环境保护验收由环保行政主管部门行政审批改为由建设单位自主验收，即建设单位应当按照国务院环境保护行政主管部门规定的标准和程序，对配套建设的环境保护设施进行验收，编制验收报告，并向社会公开相关信息和接受环保部门的监督检查。

工程正式运行后，为确保电网工程前期和建设期采取的环保防治措施得到有效落实，尽可能降低工程运行对环境带来的负面影响，电网运行维护单位须配备相应专业的管理人员，组织开展环境纠纷处置、环保宣传、应急预案、环保对外交流、环保科研、环保年度监测、预防环境污染事故监督检查和隐患排查等一系列日常环境保护管理工作。

从以上对电网环境保护管理现状的介绍中不难看出，目前，不管从建设单位本身还是环保行政主管部门的监管力度上，全国电网对于具体建设项目的环境管理、环保措施等各方面细节已做得很好。但整个电网的规划设计和规划环评还略有滞后且深度不够，在具体项目的规划选址与评价方面，也对与周边规划的衔接性考虑不够，往往都是有了项目、有了规划后再考虑其对周边的影响。这在另一个程度上也反映了电网工程在规划阶段政府选址选线缺乏公共性。再加上部分信息公开不完全、沟通互动不充分、科普宣传不到位，从而引发了一系列电网工程的邻避效应事件。

2.4　电网工程邻避效应

随着城市的不断发展与扩大，城市所需能耗越来越大，变电站作为输送电力的重要设施逐渐深入到中心城区，不可避免地建在居民密集区。但随着科学知识的普及和人们自我保护意识的增强，建在中心城区的变电站是否会影响周围公众的健康，这已成为公众越来越关注的问题。因此，在变电站选址问题上稍有不慎就容易引发群体性事件，酿成社会矛盾，特别是变电站如果要在大型社区中心或小学、幼儿园附近落户，由于公众担心工频磁场会产生电磁辐射、低频噪声、化学物泄露污染、火灾爆炸等问题，就更容易激起周围公众的强烈反对。

近年来，城市社区公众联名反对在居住区附近兴建变电站的事件频频发生，电磁辐射成为当今环保的热点问题。同时，由于电网建设严重滞后于电力供应，一定程度上造成有电送不出的尴尬局面（一边是用电紧张，一边却是变电站建设屡遭阻挠），各城市尤其是大城市的供电面临严峻考验。据统计，“十五”期间，以《广州“十五”电网规划》的规划建设容量为基准，广州市 220kV 输变电工程完成率仅为 57%，110kV 输变电工程完成率只有 53.6%，而同期城区内多个变电站的选址和建设因周边居民以“其产生电磁辐射危害身体健康”为由而备受阻挠。

从现有的资料来看，一方面，国内外对邻避效应的案例研究多是关注垃圾处理场、殡仪馆、核电站、化工厂的选址和建设等领域，甚少涉及电网工程方面。然而，电网规划、建设周期、线路走向、变电站布置地点、社会需求程度、公众心理程度等方面均有其特殊性，导致电网工程的规划与建设邻避带来的问题与垃圾处理场、殡仪馆、核电站、化工厂的选址和建设等领域的问题有很大区别。另一方面，国内外对电网规划建设进度受阻的外部因素研究，大多从项目管理、技术革新、经济补偿等方面切入，很少从分析现有案例以及有关利益主体间的关系和建立风险模型的方向探索解决电网规划建设邻避困境的可行之道。因此，有必要将电网工程的规划与建设作为邻避效应的一个独立的方面进行研究，为公用设施建设提供更合理的理论支持。

2.4.1　电网工程邻避效应现状

从电力输送的技术角度分析，当城市中心用电水平增长到一定程度时，低电压等级供电设备受到供电能力和城市走廊资源的限制，无法满足高负荷密度的城市中心区的用电需求，若强行采取在城郊外围建站，以低电压等级线路供电入城区的方式，不仅会因电能质量极低而导致电器无法启动，而且回路的走廊还会挤占宝贵的城市地下空间资源，使其他公用设施（如水和电信等管线）入城困难。采取这种方式供电，必然要消耗极高的建设成本并最终导致电价昂贵，使社会用电成本负担加重。因此，当城市发展到一定阶段后，各城市大多采取在城市中心负荷密集区建设满足城市规划和环保要求的高电压等级供电设施的办法。简单来说，高压电不可能直接供给居民使用，可城市大了，必然要在中心城区建设高压输变电站。但中心城区往往用地紧张、人口密集，因此变电站之类的市政设施的选址与建设自然也就成了难题。目前，我国城市电网工程典型邻避效应表现如下：

（1）公众质疑：变电站为何建在家门口

电磁辐射看不见、摸不着，所以很难被人觉察，而又因电磁辐射的相关知识专业性强、普及不够，公众对其陌生，因而也就容易产生误解和疑虑，认为“电磁辐射是隐形杀手”，几乎是谈“辐”色变。城里四处林立的发射塔、变电站和密集的高压线，让不少公众患上了电磁辐射污染恐惧症。同时，随着人们越来越重视自身健康，购房人在选择住房时除了考虑地段、价位、户型、园林、物业等因素外，尤其关注环境质量，电磁环境也自然成了很多人考虑的因素之一。因此，变电站建设大多由于其选址在一些居民密集区而备受争议和阻挠，小区公众普遍质疑规划部门和电力部门的变电站选址方案，以各种方式抵制变电站落户，使政府对社区管理和下一步的电力建设变得更为被动。

公众对电磁辐射的恐惧是可以理解的，在事关自身生命和后代健康的问题上，他们有权把持一种非常谨小慎微的保守姿态，其相应的上访维权行为也从侧面反映了社会民主的进步。但除了对电磁辐射知识的宣传和普及不够外，导致变电站选址和建设陷入困局还有更深层次的原因。

首先，人们对电磁辐射的恐惧主要源于大众媒体的宣传。过量的电磁辐射的确会给人们的身体健康造成威胁，但如何确定这个“过量”的标准至今仍是一个真空区域。目前，我国卫生、电子工业、生态环境等部门及军队等均分别制定了各自的电磁辐射安全卫生标准，却没有一个统一的强制性国家标准，这也导致了众多纠纷的产生，电力设施的辐射问题成为公众的投诉热点也就不足为奇了。

其次，公众质疑变电站的选址方案，普遍认为城区那么多地，“为何偏偏建在我家门口”？这一认识暴露了市民对规划的不理解和不信任，其实也与相关部门的工作没有做到位有很大关系。公众不清楚电力部门有关用电紧张的相关数据及相关设施的选址原则，同时也对规划部门如何确定市政设施用地心存疑虑，对规划信息没有进行公示或举行听证更是不满，公众自然也就因城市规划相关知识的缺乏和规划信息的不对称而成为强烈声讨、要求维权的弱势群体。

（2）房地产开发商：市政规划业主买单

以广州为例，近几年发生的几次楼市纠纷中，开发商隐瞒已有规划或擅自更改小区规划是引起小区业主和开发商之间发生大冲突的主要导火索，大到规划路、变电站，小到会所改酒楼、绿地变楼房等，业主对部分开发商的欺骗行为极为愤慨。而开发商隐瞒的规划信息大多是有关市政配套设施的，这些设施会对业主的生活造成较大影响，也会对楼盘销售造成不利影响，其中最为普遍的就是规划路和变电站问题。而中心城区尤其是老城区用电、用地紧张的双重矛盾，使变电站的选址变得更为敏感。

小区内规划建设变电站一直是业主与开发商争议的焦点。但是，之前相关的法规条例对此都没有做出明确规定。市民购房之前所了解的信息主要源于开发商的销售宣传及相关图纸，而广告宣传图片往往缺乏比例尺和实际地物的对比，这也就为某些楼盘的不规范销售创造了条件。在所售楼的楼书附图中看到的只是楼盘的示意图和户型设计图，规划中的诸如变电站之类的信息可能被美化成了绿地或者被缩小比例尺有意无意地拉开与该楼盘的距离，等到购房者住进去发现自家门口多了这些设施时则为时已晚。可耐人寻味的是，在变电站的选址建设问题上，业主的意见最多的是针对政府和电网企业，反而不是针对开发商，“受害”的业主们抗争的对象由开发商转向了政府部门和电网企业。

（3）政府部门和电网企业进退两难：用地紧张送电难

对政府部门和电网企业来说，由于历史原因，市政设施欠账太多，对变电站选址困难之类的问题显得很无奈。一方面是“计划没有变化快”，城市飞速发展带来的能耗增加导致对城市相应设施的要求越来越高，城市电网建设严重滞后，建设速度远远跟不上电力需求的增长速度；另一方面是城市用地紧张，不能带来商业效益的变电站之类的市政设施因为各种原因拖而未建、迟建甚至建设用地被挤占，等到周边居住用地住满人之后变电站的建设自然也就成了众矢之的，导致送电难建站更难。

如何正确处理电力设施建设与城市环境的关系，如何利用先进技术和手段提出科学可行的变电站选址方案，如何量化电磁辐射的影响，如何争取社会各界对电力设施建设的理解和支持，诸多议题都对政府和电网企业提出了挑战。

2.4.2　电网工程邻避效应特点

随着电网工程建设的大力发展，在我国部分地区，涉及电网（输变电）工程的环保纠纷有逐年增长的趋势，电网建设受阻、公众过度维权等现象时有发生。在这些事件中，邻避效应特别明显。

公众、媒体甚至是电网工程相关工作人员对电网工程环境管理相关概念不清楚，但可以肯定的是，公众和媒体对于“辐射”二字没有好感。电网工程相关设施由于电磁辐射为附近居民所嫌恶，而由于缺乏相关知识，他们往往理解不了一些文章里专业性较强的词汇，更容易产生恐惧心理，被一些带有恶意的舆论所误导。而不可否认的是，电网工程建设是非常有必要的，它对于提高公众生活水平、带动地区发展都有不可估量的作用。只要按照相关技术规范选址，电网工程项目对邻避设施附近的公众身体健康是不会有影响的。关键在于，要让公众也了解这一点，双方配合，这样才能做好相关工程建设。

而近年来，公众因“邻避效应”引发的过度维权对地区建设的影响是很大的，项目成本大，被叫停的现象也时有发生。为了项目的顺利开展以及地区的繁荣，了解“邻避效应”并想办法规避、减轻它，是非常重要的。具体来讲，电网工程项目的邻避效应主要呈现如下特点。

①信访投诉、行政复议、行政诉讼的数量呈逐年上升趋势。

电网工程是典型的市政公共基础设施，公众在享受电力带来方便的同时，又普遍不愿意离电网设施太近。2014 年 1 月至 2016 年底，各地共受理履责类行政复议案件 31 件，其中 2014 年 4 件，2015 年 8 件，2016 年 19 件，案件数量呈逐年上升趋势；关于履责类行政应诉案件，数量上升趋势更为明显，2014 年无履责类行政应诉案件，2015 年为 2 件，2016 年为 10 件。

②工程部分涉及噪声超标、麻电、低频噪声等环境因素，更多涉及拆迁补偿、房价影响等非环境因素。

近年来，从全国电网环保纠纷诉由来看，大部分是因质疑电磁环境影响和噪声等环保因子超标问题引发的信访及相关投诉，这部分纠纷占总的电网环保纠纷数量的 90%以上；也有部分公众受利益驱使，通过投诉和纠纷等方式施压达到个人目的，这部分纠纷约占总数的 10%。

③投诉信访较难处理，有的可能演变成群体性事件。

环保类群体性事件其实是一项巨大的制度成本。在项目建设中，因为公众无法还价，只能通过上访、上诉甚至采取超越现行体制许可的集体行动，来影响最终的结果，这是通过增加地方政府的行政成本的方式，来提高自己的收益。如广州 110kV 骏景输变电工程项目，骏景变电站最早在 2005 年 2 月就已规划，但自 2006 年内以来，骏景小区个别业主以“变电站存在辐射危害身体健康”

“影响楼价”“规划没有公开”等理由阻挠变电站开工建设，致使工程停工；2008 年 12 月，工程在停工两年后复工，由于公众对变电站、电磁波辐射缺乏正确认知，再次引发了群体性纠纷，部分过激的居民通过社区论坛、网上发帖、发放小传单等方式召集其他居民反对变电站复工，多次采取拉挂横幅、集会、游行甚至围堵主要交通干道等过激行为。

2.4.3　电网工程邻避效应主要影响因素

1. 非环境相关因素

电网工程的邻避效应非环境相关因素主要包括：

①利益诉求难满足，如拆迁补偿不到位以及影响房价的诉求，这类诉求一旦得不到满足便以环保为借口对工程进行抵制。

②权利义务不对等，如工程设计中明确要求边导线垂直距离 5 米内进行工程拆迁，但电力设施保护条例中规定线路边相导线 20 米范围内不得新建住宅等敏感建筑。

③选址选线不够合理，未合理规避居民密集区。

④公众参与不充分，工程在核准立项、国土用地、选址选线规划阶段均缺乏公众参与，环评阶段成为公众唯一的诉求出口。

⑤科普宣传不到位，公众对电磁辐射相关知识存在疑虑，对电网建设缺乏科学认识，抵触情绪较明显。

2. 环境相关因素

电网工程邻避效应主要的环境相关因素包括：

①噪声因子超标引起附近公众投诉，特别是一些早期建设的变电站，声源设备比较老旧，散热系统相对落后。

②低频噪声扰民，噪声监测结果虽然满足标准，但仍可能对附近居民产生一定影响。

③电网静电感应问题，如架空高压输电线路附近，阴雨天气条件下金属伞柄可能麻手、金属晾衣竿可能造成暂态电击等。

④站址偏移及线路摆动导致新增居民类环境敏感目标，这类居民原先不属于工程环评中的保护目标，对项目的相关信息更是不了解，突如其来的电网建设项目会让这部分居民没有充分感受到知情

权和参与权，自然会担心邻避设施可能对人体健康及其生命财产造成威胁。

电网工程环境管理过程中由于种种原因，容易出现各种环保纠纷，而出现纠纷的原因中，很大一部分是因为公众、媒体甚至是电网工程相关工作人员对电网工程整体感知较差且缺乏科学客观的认识。针对邻避设施中遇到的环境管理风险方面的问题，目前国内外使用了多种研究方法以解决上述问题。本书整个研究过程将主要对社会调研法、案例分析法和数学模型法这三种研究方法进行具体介绍。

第3章 电网工程邻避效应风险因素分析

针对电网工程中遇到的环境管理风险方面的问题，目前国内外使用了多种研究方法，本书主要运用社会调研法、案例分析法、数学模型法解决邻避问题。通过社会调研法准确了解公众的意见和想法；运用案例分析法抓住典型案例分析邻避效应；而数学模型法则将社会调研数据和案例相结合，分析对比，抓住主要问题，为后续邻避问题的解决提供依据。

3.1 电网工程邻避效应调查研究

3.1.1 社会调研法

社会调研法，在社会生活中主要以民意测验的形式运用于公共事务的制定和决策中，反映社会评价、辅助公共管理决策、提供社会预警，并可运用舆论在社会决策者和公众之间建立联系，具有经济性、精确性、客观性等特点。

调研是调查研究的简称，指通过各种调查方式，比如现场访问、电话调查、拦截访问、网上调查、邮寄问卷等形式得到受访者的态度和意见，进行统计分析，研究事物的总的特征。其目的在于获得系统客观的数据，为决策做准备。

如何开展社会调研是一个行为科学，也是一个方法论问题。怎样开展社会调研是一项需要费心、费时、费力的复杂工作，也是需要面对实际、面对基层、面对群众的工作，不仅有一个方法论的问题，而且也有一个世界观、工作态度和群众观点问题。要搞好调查研究工作，必须做到以下三点：

（1）要把握“两头”

根据需要与可能确定社会调研重点。所谓把握“两头”，即一要把握“上头”，了解目前阶段的大政方针是什么，有哪些突出的问题需要我们去探讨和研究；二要把握“下头”，了解社会正在如何发展，人民群众在想什么、干什么、盼什么，创造了哪些新经验，有哪些热点和难点问题需要去解决，特别是通过制定政策去解决这些实际问题。如果对这两点有了全面且清晰的认知，就可以根据需要与可能，确定社会调研工作的总体方向，立定工作的标杆，选准社会调研工作的突破口。在确定社会调研的项目以后，还要做好一个基础的工作，那就是要准备好调研提纲，明确所要进行的调研目的、调研范围、调查地点、调查对象和调查的重点。既要有大纲，又要有细目，有的还要有统计的表格。

（2）迈开双脚，深入实际，广泛调查，详细地占有第一手资料

调查中，一要“沉”，就是“沉”下去，沉到群众中去，用心地听他们讲，切忌走马观花。二要“谦”，就是以谦虚的态度，甘当小学生的精神，请基层群众发表对一些问题的看法，切不可高高在上，好为人师。三要“全”，即全面了解。虽然基层说的、讲的都不一定是我们调查所需要的材料，但是要尽量搜集。如果想寻找一个有用的素材，必须搜集 10 份甚至更多份素材，要“以十当一”，多多益善。四要注意引导，即引导社会调研的对象围绕调查的主题发言，围绕所要了解的重点发言，不可泛泛而谈。五要“实”，即坚定地贯彻实事求是的原则，要求社会调研的对象讲实话，反映实际的情况。对有关典型细节和数字要反复核实。六要亲手记录。这不仅可以解决“感觉”问题，而且还可以在记录的过程中不断积累理性的认识。总之，在调查工作中，要身到、心到、口到、手到。

（3）要对记录的材料及时进行梳理，并不断进行交流

在每次社会调研座谈之后，调研人员一定要挤出时间对自己的记录做一番梳理，对社会调研的过程作“回头望”，看一看被调研

的人员是否反映了实际问题，素材是否全面，社会调研座谈的目的是否达到；哪些素材有用，哪些素材备用，哪些素材还要继续调研。同时，几位调查者还可以经常交流一下，集思广益，提出看法和见解，这样就可以使社会调研更深入，获得的真知灼见更多。

然而，民意测验的发展并不是一帆风顺的。根据记载，最早的民意测验始于 1824 年，当时的民意测验娱乐性高于科学性，经过数理统计学、心理学、社会学、人口学等诸多学科 100 多年的滋养，民意测验才开始走向成熟，并逐渐发展成一个产业。

虽然我国是最早进行社会调研的国家之一，但是在 20 世纪初，民意还只能被感受，管理者进行社会调研、获取民意的方法和能力十分有限，并且公众与管理者之间的矛盾尖锐。直至今日，我国社会中仍然存在因民意测验而引发的各种社会问题。例如 2015—2016 年湖北荆州某线路工程和黄冈某输变电工程邻避事件，由于当时社会调研不够充分，未能与沿线部分公众达成共识，最终消除公众担忧，导致了持续的抗议活动，工程建设延期，给国家带来较大的经济损失。

上述事件表明，邻避设施的建设必须通过社会调研，向公众说明危害和应对措施，使公众与政府和企业达成共识，最终实现社会矛盾的最小化和公共利益的最大化。

3.1.2 调研基本信息

本书的调研从湖北省历年电网工程环保纠纷案例入手，通过调查问卷的方式对不同用电层次的城市及该城市变电站冲突过程和民意进行深入了解。通过数据分析其中的因果以及事情的后续处理，进一步提出邻避效应应对机制。

* 调研时间：2017 年 5 月至 9 月。

* 调研方式：主要通过问卷调查，由课题组制定调研方案，设计调查问卷，并负责事发地公众（400 份）及电网企业与政府部门（20 份）调查问卷的发放与回收。

* 调研地点：湖北省黄冈市某城区 110kV 变电站、湖北省武汉市某城区 220kV 输变电工程、湖北省荆州市某线路工程和洪湖

市某 110kV 变电站扩建工程等 10 多个工程。

* 研究内容：

①公众对于变电站工程信息的了解；

②公众对于电磁辐射等科学概念的理解与认识；

③公众对于电力公司和政府相关流程的态度；

④引起邻避冲突的一般原因。

* 调查问卷范例：

针对公众的调查问卷：

针对公众的调查问卷见表 3.1。

表 3.1　　　　针对公众的调查问卷

<table>
<tr><td colspan="6">您好！我们是来自×××的课题研究人员，此次调查是为了了解×××变电站对您生活的影响，来传达广大百姓对变电站的看法，以此提出改进措施。此次调查均为匿名，请您放心填写！</td></tr>
<tr><td colspan="6">性别：男　　女
年龄：A. ≤18 岁　B. 18~25 岁　C. 25~35 岁　D. 35~45 岁
E. 45~55 岁　F. 55 岁以上
文化程度：A. 不识字　B. 小学　C. 初中　D. 高中　E. 中专　F. 大专
G. 大学本科　H. 研究生
居住房屋情况：A. 拥有产权　B. 租房　C. 其他</td></tr>
<tr><td>①您认为该变电站在规划期间环评时是否有进行公众参与？</td><td>A.有进行，并参与了</td><td>B.有进行，但不积极</td><td>C.悄悄进行，大家都不了解</td><td>D.没有进行</td><td></td></tr>
<tr><td>②该变电站在规划期间是否有公示告知具体工程的有关信息？</td><td>A.有，并且让大部分人看到</td><td>B.有，但贴在偏僻角落不太容易被发现</td><td>C.有，但事前没发现，开始建设后才知道有公告</td><td>D.没有</td><td></td></tr>
</table>

续表

③当被告知或发现变电站在此地建设时大部分居民的态度如何?	A.不太关心	B.有点不高兴	C.很生气		
④您认为变电站建在这里是否合理?	A.很合理	B.合理,但不希望建在旁边	C.不合理	D.非常不合理,其中可能有违规操作	
⑤您认为环评报告是否可信?	A.非常可信	B.可信	C.不是很可信	D.不可信	E.不知道
⑥您认为这些变电站的规划会导致自己的房产贬值吗?	A.房产会大贬值	B.有影响但不大	C.基本没有影响	D.没影响	
⑦居民是否有因对变电站的选址不满而向上级单位投诉?是否对回复满意?	A.有,非常满意	B.有,满意	C.有,不是很满意	D.有,不满意	
⑧您是否相信变电站的建设规划批复等流程符合国家规范?	A.非常相信	B.相信	C.不是很相信	D.不相信	E.不知道
⑨您是否对电磁知识和变电站知识有所了解?	A.非常了解	B.了解	C.不清楚,想了解	D.不了解,也不关心	
⑩您认为该变电站对您的生活有什么影响?	A.有非常大的影响	B.有一定影响	C.有影响	D.影响较小	E.没有影响
⑪您是否认为变电站的辐射会影响居民的健康?	A.是	B.否			

续表

⑫该变电站离您家最近有多少米?					
⑬您是否对变电站的环保风险有所了解?	A.非常了解	B.了解	C.不清楚，想了解	D.不了解，也不关心	
⑭您从哪些地方了解到工程的相关信息?	A.公告栏	B.微信公众号、微博	C.网页论坛	D.新闻	E.其他
⑮您是否愿意接受补偿而在您家旁边建变电站?	A.愿意	B. 视补偿金额定	C.不愿意		
⑯你愿意接受的补偿额度为多少?	A. 100~500 元	B. 500~1000 元	C. 1000~2000 元	D. 2000~3000 元	E. 3000~4000 元
	F. 4000~5000 元	G. 5000~6000 元	H. 6000~7000 元	I. 7000~8000 元	J. 8000~9000 元
	K. 9000~10000 元	L. 10000~20000 元	M. 2000~50000 元	N. 50000 元以上	
⑰您愿意从哪里获得工程相关信息?	A.公告栏	B.微信公众号、微博	C.网页论坛	D.新闻	E.其他
⑱该变电站让您不满的地方有:	A.变电站噪声	B.电磁辐射	C.信号干扰	D.其他	
⑲该工程建设期间通常在什么时间段进行?	A.早上	B.下午	C.晚上		
⑳该工程在建设期间给您带来的影响主要在哪方面?	A.施工噪声	B.建设垃圾	C.粉尘	D 其他	

续表

㉑是否有进行过听证会或者论证会？是否有效？	A.有过且有效	B.有过但无法沟通	C.没有过		
您对变电站选址有什么不满？有什么提议？					

针对政府部门的调查问卷：

针对政府部门的调查问卷见表3.2。

表3.2　**针对政府部门的调查问卷**

您好！我们是来自×××的课题研究人员，此次调查是为了了解政府部门关于×××变电站的一些看法，以此提出改进措施。此次调查均为匿名，请您放心填写！				
①您认为在变电站规划过程中公众是否应该充分参与并发表意见？	A.很有必要	B.应该参与但不应参与过多	C.不应该	
②在变电站建设征集意见时，公众是否给予了充分的反馈？	A.是	B.有反馈但并不积极	C.未感受到公众的参与，反馈很少	
③您如何看待公众意向在变电站建设中的作用？	A.非常重要	B.应该考虑但不应该作为决定因素	C.重要性偏低	
④您认为政府部门在变电站建设方面是否实现了信息的透明化？	A.是	B.有公开信息但范围并不广泛	C.此方面存在一定不足	

续表

⑤怎样看待居民对变电站选址的不满行为？	A.应加以重视并在建设前期解决	B.可采用边建设边解决的方法	C.进行适当安抚即可	
⑥是否对居民的问题进行了积极的答疑解惑？	A.有专门部门进行解答	B.部分问题可以得到解答	C.此方面应加强	
⑦您认为公民不满变电站选址的主要原因是什么？	A.健康因素	B.心理因素	C.经济因素	D.从众心理
⑧您是否认为变电站会影响邻近居民的健康？	A.完全不会	B.建设符合安全标准的情况下不会	C.存在一定的影响	D.有影响
⑨变电站工程建设期间是否充分考虑了其对居民的影响？	A.是	B.考虑了对多数公众的影响	C.没有	
⑩是否在变电站建设前对公众进行了科学知识的普及？	A.是	B.否		
⑪政府主要通过何种方式与公众进行沟通？	A.在公示栏张贴通知	B.广播通知	C.政府网站	D.微信公众号、微博
⑫您认为公众对于补偿金额的要求是否合理？	A.非常不合理	B.大部分要求偏高	C.适中	D.偏低
⑬在电站规划建设过程中政府部门的首要考虑因素是什么？	A.对当地经济发展的作用	B.公众意愿	C.环境因素	
⑭您认为变电站的建设对于邻近公众而言是好事还是坏事？	A.有利无害	B.利>害	C.害>利	D.有害无利

续表

<table>
<tr><td>⑮您觉得变电站给公众带来的影响有哪些?</td><td>A.促进当地经济发展,使生活水平提高</td><td>B.无明显影响</td><td>C.对健康有一定影响</td><td></td></tr>
<tr><td>⑯您觉得是否应该因公众的强烈反对而放弃变电站的建设计划?</td><td>A.不应该</td><td>B.视反对程度而定</td><td>C.应该</td><td></td></tr>
<tr><td colspan="5">您觉得本部门针对变电站建设方面有什么需要改进的地方?</td></tr>
</table>

3.1.3　调研内容

如表 3.3 所示，对公众参与调查部分的公众满意度情况进行调查和总结。根据调查统计结果，在全部被调查的 745 人中，80.94%对电网项目建设的环保工作表示满意或基本满意，不满意率为 16.75%，说明大多数公众对电网项目持理解和支持的态度，但仍有很大部分公众对电网项目的建设持不理解和反感情绪。为此，在电网规划实施过程中仍应充分考虑周边公众的环保需求，并尽量减小对周边环境的影响。

如图 3.1 所示，黄冈市中心城区某 110kV 变电站、武汉市洪山区某 220kV 输变电工程、武汉市武昌区某 220kV 输变电工程、荆州市某 500kV 线路工程和洪湖市某 110kV 变电站扩建工程这五个电网工程项目的公众不满意率较高。

表 3.3　　**公众满意度调查统计结果**

序号	名称	行政区划	调查人数	您对输变电工程环境保护工作是否满意		
				满意及基本满意率	不满意率	不知道
1	武汉市某 500kV 输变电工程	青山区	54	92.59%	7.41%	—
2	武汉市某 500kV 输变电工程	东西湖区	20	90.00%	5.00%	5.00%
3	武汉市某 500kV 输变电工程	江夏区	72	91.67%	2.78%	5.55%
4	武汉市某 500kV 变电站扩建 220kV 配套工程	新洲区	19	94.74%	5.26%	—
5	武汉市某 220kV 输变电工程	江夏区	11	81.82%	9.09%	9.09%
6	武汉市某 220kV 输变电工程	硚口区 东西湖区	68	92.65%	5.88%	1.47%
7	武汉市某 220kV 输变电工程	青山区	19	89.48%	5.26%	5.26%
8	武汉市某 220kV 变电站#1 主变扩建工程	江汉区 江岸区	24	91.67%	8.33%	—
9	武汉市某 110kV 输变电工程	江岸区	39	92.31%	7.69%	—
10	武汉市某 110kV 输变电工程	洪山区	18	83.33%	5.56%	11.11%
11	黄冈市中心城区某 110kV 变电站	黄冈市	67	83.58%	10.44%	5.98%
12	武汉市某 220kV 输变电工程	洪山区	72	83.33%	13.89%	2.78%
13	武汉市某 220kV 输变电工程	武昌区	40	80.00%	12.50%	7.50%
14	荆州市某 500kV 线路工程	荆州市	57	84.21%	14.04%	1.75%
15	洪湖市某 110kV 变电站扩建工程	洪湖市	62	85.48%	14.52%	—
16	武汉市某 110kV 输变电工程	江岸区	35	88.58%	5.71%	5.71%
17	武汉市某 220kV 变电站	江岸区	23	91.30%	8.70%	—
18	武汉市某 110kV 输变电工程	东西湖区	17	94.12%	5.88%	—
19	武汉市某 110kV 变电站工程	东湖新技术开发区	28	85.72%	7.14%	7.14%
总计	—	—	745	88.43%	9.80%	1.77%

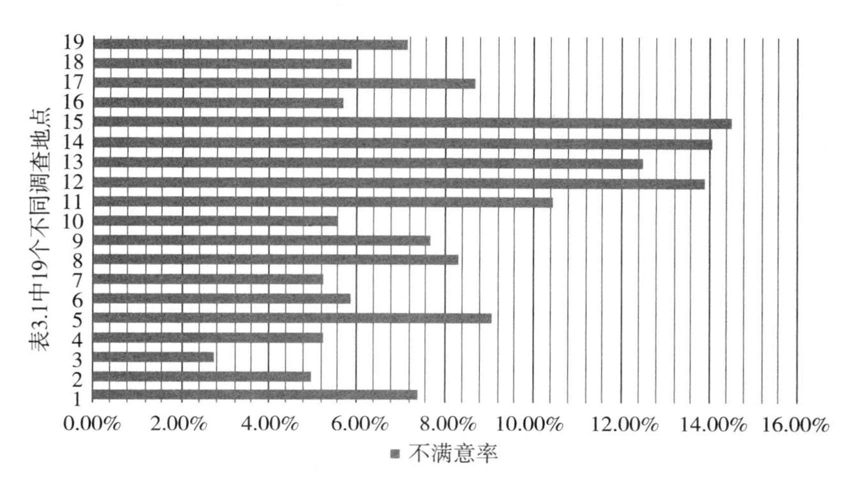

图 3.1 公众不满意率统计图

从调查结果来看，武汉市近年来电网工程邻避冲突的主要发生地点如图 3.2 所示。从图中可以看出，邻避冲突的主要发生地点在武汉市区内人口较为密集的区域。随着经济的发展，人口的增多，人们日益增长的电力需求与抵触电力设施、规避风险的心理形成矛盾。又随着公众生活水平的提高，环保意识的加强，而群众对电磁环境却没有正确理解，导致抵触心理不断扩大。矛盾愈演愈烈、不断激化，造成了当地群体性上访以及阻止电力部门施工建设的事件。

3.1.4 调研数据分析

本书从湖北省历年案例中选取不满意率较高、引发邻避效应的具有代表性的五个电网工程进行重点调研分析。

1. 工程信息获取

如图 3.3 所示，大部分人是通过公告栏、微信公众号和新闻得知有关输变电工程的，还有一部分人则是通过网页论坛等获取消息。

当今移动互联网的时代下不少人通过当地有关的微信公众号了

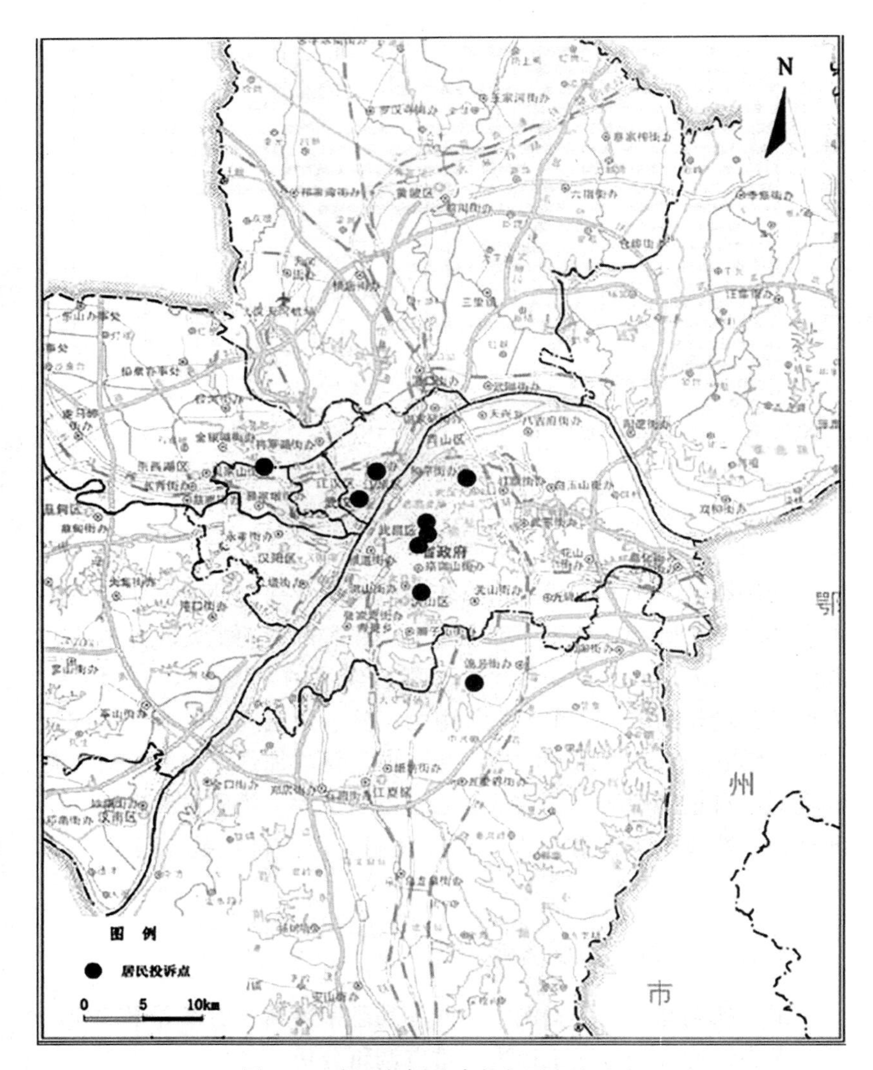

图 3.2 武汉市邻避冲突主要发生地点

解到信息，而通过网页论坛浏览或者新闻等其他网络渠道了解相对较少。值得注意的是，不少公众表示他们是在工程开始建设后才知道输变电工程要建在附近。

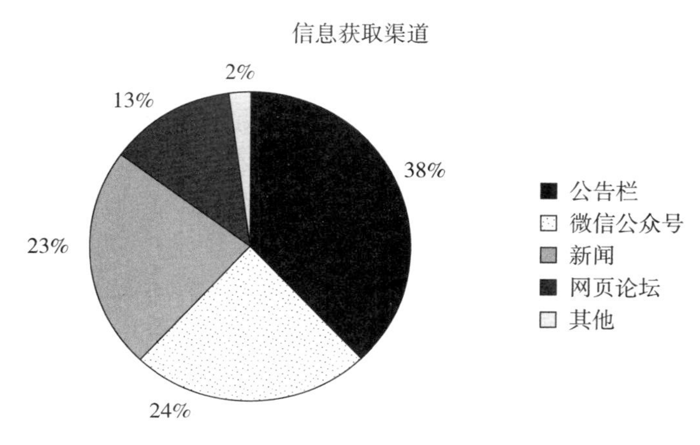

图 3.3　公众信息获取渠道

如图 3.4 所示，绝大部分人在知道输变电工程要在他们家附近建设时的感受都是不愉快并且不能接受，认为规划选址极不合理。只有少部分人表示规划选址应该是经过科学严谨的决策后得出的。

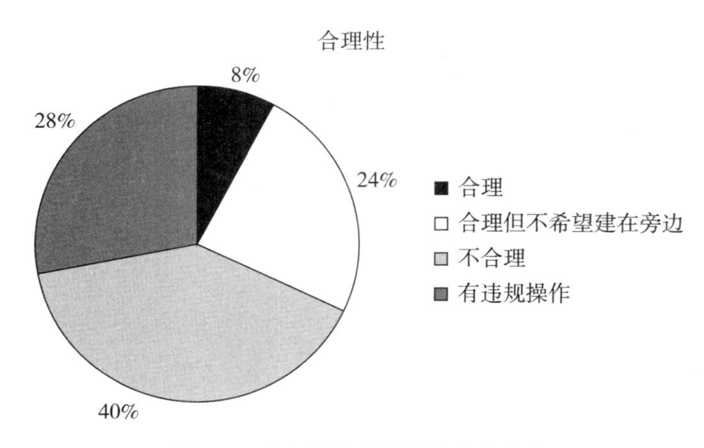

图 3.4　公众认为规划选址的合理性

现在公众获得信息的渠道已经多样化，仅仅通过公告栏的信息公示并不能让大部分公众得知有关工程信息。而当他们发现工程已经开始建了就会有一种被欺骗的感觉，这样便加重了公众的邻避心理。

2. 工作流程

调查显示电网企业在整个工作程序中并不存在问题，但效果不明显。大部分人认为虽然在规划选址时有公众参与，但只是走走形式，当有公众参与时相关的调查访问已经结束，而公众并没有实际参与到调查中。

就结果而言，部分公众对电网企业处于一种不信任的状态。如图 3.5 所示，大部分公众对电网企业的环评和建设是否符合国家标准持怀疑态度，其中特别是对变电站建设批复流程以及环评的公正科学性存在压倒性的不信任，结果有接近一半的公众表示在变电站规划期间以及建设期间都有向上级单位比如环保局等进行过投诉，并对投诉的回复表示不满意。

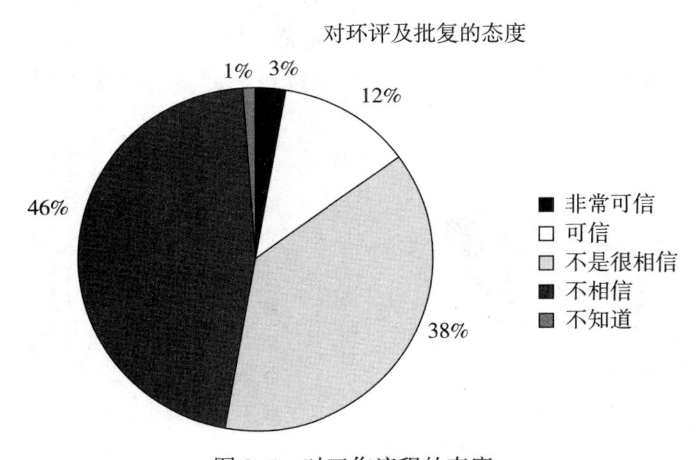

图 3.5　对工作流程的态度

3. 对变电站不满的原因

调查问卷分析显示，接近 80%的公众对变电站建在附近表示不满。图 3.6 显示其中 45%的人对变电站的电磁辐射表示担忧，认为其将导致人的健康受损。16%的公众认为变电站的辐射对他们的通信信号造成干扰，特别是对手机信号和电视信号。18%的比较靠近变电站的公众表示噪声是他们不满的主要原因。虽然电磁辐射是大部分人反对的原因，但不意味着公众是在对变电站及电磁科学知识非常了解的情况下反对变电站的建设。

调查显示，44%的调查公众表示对变电站的环保风险以及相关的电磁知识并不了解，23%的公众认为自己很了解其科学概念，但通过询问却发现大部分公众的电磁知识都是通过网络新闻等渠道了解到的一些错误的、具有混淆性的信息，对变电站的了解有明显的错误。最后有接近33%的公众表示并不清楚也不想了解。

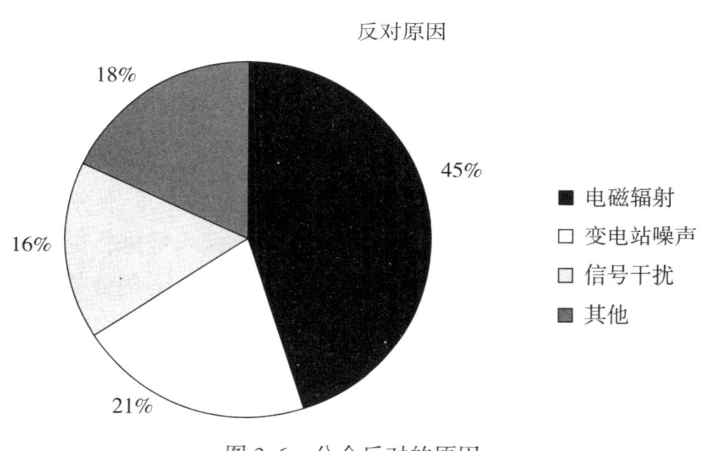

图 3.6　公众反对的原因

从分析来看，大部分公众反对变电站的建设，认为这不仅影响健康也影响生活，同时还会导致房价大跌。但他们反对的依据和引用的条例是错误的或已不具效力，他们根据这些条例认为电力公司在以强凌弱，隐瞒相关信息，只为谋取利益，使自己的房价大跌利益受损。

4. 调研存在的缺陷

①调研的电网工程邻避效应典型案例局限于输变电设施与输电线路的建设，无有关发电厂建设、废弃物排放等方面的邻避效应典型案例；

②调研的电网工程邻避效应典型案例仅涉及有关地方群众的抗议、同有关利益主体的沟通与协调以及事后解决方式与结局这三个方面，没有涉及有人员因工程致死、致伤或致残，对环境带来实质性影响和社会舆论导向的作用等方面；

③调研的电网工程邻避效应典型案例的选择角度局限于电网工程邻避效应事件涉及区域的人口密度，未考虑电网工程相关设备在相应地区的建设强度；

④调研的电网工程邻避效应典型案例仅涉及电网企业、环保主管部门与公众这三个利益主体，还需考虑媒体舆论这一重要力量。

3.2　电网工程邻避效应典型案例分析

3.2.1　案例分析法

案例分析法（Case Analysis Method），也称为个案分析方法或典型分析方法，是对有代表性的事物或现象深入地进行周密而仔细的研究从而获得总体认识的一种科学分析方法。案例分析法由哈佛大学于 1880 年前后开发完成，后被哈佛商学院用于培养高级经理和管理精英的教育实践。此方法开始时只是作为一种教学方法用于高级经理人及商业政策的相关教育实践中，后来被许多公司借鉴过来成为用于培养公司企业得力员工的一种重要方法。现在该方法已被运用在城市规划、环境保护、机械及电气故障分析等更为广泛的领域。该方法除具有代表性、系统性、深刻性、具体性这四个特点外，还具备以下三个特点：

①可靠性：案例是在实际工作中总结出来的，如果用正确的方法分析和研究，就会得到可靠的、有价值的和令人信服的结论；

②实用性：在案例中所记载的都是实际工作中那些有代表性的、普遍实用的事件，或奇特的、新发生的事件，所以案例分析得出的结论往往具有较高的实用价值；

③简便性：案例分析法比较简便，既可以为科研工作者所掌握，也可以为从事实际工作的一般工作人员以及青年学生所掌握。

在采用案例分析法时，案例应用应该注意以下四个方面：

(1) 精选案例

反映抽象理论的案例有多种渠道来源，最常用的一种渠道是各种媒体，如案例书报、杂志、电视广播等。收集这类案例时，执行者应做有心人，书报杂志上的案例应及时摘录，从电视、电台看到或听到的案例应随即将其大意记下来。另一种渠道是执行者自己深入实践第一线收集有关资料，这种案例的编制要求执行者要对活动实践有着敏锐的观察力和概括力。此外，执行者也可以有意识地编制一些典型案例，当然这种方法要求执行者自身对相关理论有深刻的理解和把握。

(2) 案例的分类取舍

执行者必须对已收集和编制的案例进行认真分析与比较。在分析与比较过程中应坚持以下基本原则：

①优先选取最典型的案例，典型案例往往是多种知识的交汇点，典型案例最有助于说明复杂深奥的法理；

②案例应与相应的理论相贴近，表面现象的牵强附会将会误导读者或听众，结果很可能事与愿违；

③选取的案例不宜太复杂，案例要为理解理论服务，要有针对性。

(3) 案例的应用

案例的应用是采用案例分析法的关键环节。应用案例的方法有多种，常见的一种方法是先介绍基本理论和含义，然后用案例加以说明，或者先讲授案例，然后水到渠成地引出有关的基本理论。但案例的应用千万不能仅局限于此种方法，必须灵活加以应用。

(4) 案例延伸

所谓案例延伸，简单地说，就是让读者或听众在学习某一基本理论知识的基础上，通过仔细观察现实生活，努力寻找反映理论原理的案例，并用所学过的理论对所观察到的现象进行分析，以进一步加深对所学理论及分析方法的理解。准确地讲，这一步工作已不构成一般意义上的理论讲授，而应划归理论的应用范畴。然而，从其目的来看，主要是为了加深对理论的理解并为学习专业理论以及培养专业技能奠定基础，仍可划归案例分析法的范畴。

我国对此类方法的研究起步较晚，运用此类方法进行邻避效应案例分析并取得研究成果的事例较少。例如对以2015—2016年湖北省荆州市某线路工程电磁辐射超标事件为代表的一系列邻避效应案例的分析，发现了宣传力度不够、信息不对称、公示不全面的问题。这些及时发现的问题对接下来的邻避设施的规划和建设提供了参考依据。

通过案例分析法得到的经验和教训，提醒着每一个邻避设施建设的决策者和执行者，不断地完善我国城市对新建邻避设施的决策、监管、沟通、执行等一系列机制。

本书选择湖北省电网工程的典型案例作为重点分析对象。在国家中部崛起战略中，湖北省是重中之重。同时，湖北省的地理位置十分重要，西部地区向华中、华南以及东南沿海地区输送电力的电网和我国主要的交通大动脉中大多数途经湖北省，并且湖北省是我国重要的重工业基地，湖北省自身也需要大量的电力以维持自身的发展。同时还考虑了在不同的电压等级、不同电力设施类型情况下的邻避效应。

基于上述案例分析法，按照邻避事件中的电网工程所处地区、电压等级、建设性质、邻避原因、最终的邻避后果等，本书选取的电网工程典型邻避案例如表3-4所示。

表3.4　**电网工程典型邻避案例**

序号	工程名称	所在地区	电压等级	建设性质	建设情况
1	武汉市洪山区某输变电工程	湖北武汉城区	220kV	新建	项目取消
2	武汉市武昌区某输变电工程	湖北武汉城区	220kV	新建	建成投产
3	黄冈市某城区变电站工程	湖北黄冈城区	110kV	新建	暂停或最终取消

续表

序号	工程名称	所在地区	电压等级	建设性质	建设情况
4	荆州市某 500kV 线路工程	湖北荆州乡村	500kV	新建	建成投产
5	洪湖市某输变电工程	湖北荆州乡镇	110kV	改扩建	建成投产
6	武汉市东西湖区某输变电工程	湖北武汉城区	110kV	新建	建成投产
7	宜昌市某 500kV 变电站	湖北宜昌乡村	500kV	运行故障导致噪声超标	故障排除后恢复正常
8	河南市濮阳市某输变电工程	河南濮阳城区	110kV	新建	建成投产
9	福建省泉州市某输变电工程	福建泉州城区	110kV	新建	建成投产

3.2.2 典型案例分析

1. 武汉市洪山区某输变电工程

(1) 事件经过

该输变电工程于 2013 年底取得国网公司可研批复意见以及武汉市国土资源和规划局关于该工程线路及站址规划意见的函。

2014 年 3 月，某咨询公司完成了该工程环评报告的编制。3 月 21 日，该报告在国网湖北省电力公司进行了预审。因该项目在环评公参阶段遭到周边公众较强反对意见，武汉供电公司与该咨询公司主动联系了洪山区政府，由当地社区组织，分别在周边社区召开了两次公众协调会，听取了居民对项目建设的建议和意见，并向居民介绍了项目建设的必要性及电磁科普知识。4 月 10 日，该项目向湖北省环保厅报审。根据湖北省环保厅的相关要求，咨询公司增加了项目线路部分公参意见，最终完成公参意见 221 份，赞成率为 17.6%，可接受或无所谓的为 36.7%。5 月 12 日，洪山区政府出具了《洪山区人民政府关于支持×××输变电工程建设的函》。2014 年 5 月底，湖北省环保厅完成了该项目环境影响报告的专家评审。

7 月 8 日，因项目敏感性，环保厅要求将该项目拟批准公示在某小区张贴。7 月 14 日，部分小区居民通过口头或现场等方式表达了意见。此后，湖北省环保厅暂停了该项目批复工作，要求继续做好居民协调沟通工作，进一步充分收集相关群众诉求。

8 月 5 日，国网武汉供电公司向武汉市政府呈报《国网武汉供电公司关于恳请协调×××输变电工程建设有关问题的请示》。随后，经过多次协商，并按照湖北省环保厅的要求，9 月 3 日，由街道办组织，国网武汉供电公司再次召开了项目协调会，听取并收集相关群众诉求，相关会议纪要及音像资料呈报了湖北省环保厅，但因为项目周边居民反对强烈，湖北省环保厅暂停了该项目的审批。

该片区变电站项目从初期选址 9 年间因为环评公参阶段周边居民强烈反对而被迫频换站址，项目迟迟无法落地。但因项目所在片区用电需求异常急切，尤其已严重影响周边高校正常的用电需求，2015 年周边高校也多次恳请政府出面协调解决用电难题，武汉市政府对该项目给予了高度重视。经过多方协调努力，项目再次启动审批程序，同时根据湖北省环保厅文件《关于进一步调整建设项目环境影响评价分级审批权限的通知》的要求，该项目最终由武汉市环保局于 2015 年 8 月予以批复。

（2）事件处理

为切实解决当地用电问题，全力以赴推动项目落地，电网企业做了很多努力。一是就居民关注的电磁辐射问题，通过强化科普宣传、邀请市民实测电磁数据等方式，引导市民正确认识电磁辐射；二是与项目周边居民召开项目协调会，听取并收集相关群众诉求；三是与周边高校签订 220kV 公用变电站共建协议，有效解决站址问题；四是定期向政府各相关部门和主要领导报送该区域电网建设专报，联动政府各方力量，最终完成了该项目的环评工作。

（3）事件后果

据了解，该输变电工程所覆盖区域 2013 年供电负荷已达 46 万千瓦，全部依靠临近的变电站和区外变电站供电。在之后一段时间内，因该项目不能开工建设，导致该区域电网难以满足新增电力接入，同时造成附近变电站长期重载运行，限制了该地区用电供给与社会经济发展。

（4）事件原因分析

①部分居民对该项目的环境影响评价程序存疑；

②对变电站电磁辐射存在过度担心，对相关科学概念没有正确认识；

③部分居民认为省环保厅所声明的“依法办事”中的法律已经过时，不再能够在当前的环境下更好地保护自己；

④居民认为该站选址存在问题。

（5）经验总结

从该输变电工程所引发的邻避事件来看，可以从下列方面做一些改进措施：

①站址选择阶段：该项目可以将站址选择的相关程序和细节让公众知晓，做到有理有据，公开透明；

②环境影响评价程序：部分居民对该项目的一些环境影响评价程序不够公开透明存疑，虽然电网企业处理此次事件的举措都合乎程序和相关法规，但是程序中少了公开透明的细节，这一点需要做到必要的信息公示和透明，消除居民对环评程序内心的疑虑；

③双方沟通：电网企业虽然召开了项目协调会和项目听证会，收集了相关群众的诉求意见，但是有部分居民反映相关部门对其意见不理不睬，这其中存在一定的沟通问题，有关部门对待公众的意见需要做到对其重视并及时回复；

④科学概念的宣传：电网企业举办了两次居民协调会，向居民介绍了项目建设的必要性，对居民进行了电磁知识的科普，但是还是有部分居民表示不信任，认为其代表着自身利益，所以，环保相关主管部门、专家代表等可以担任第三方的角色，主动耐心地向居民进一步普及相关环保知识。

2. 武汉市武昌区某输变电工程

（1）事件背景

该输变电工程在武昌区的具体选址严格依据《关于×××变电站规划选址意见的函》，由政府规划部门确定。该输变电工程可行性研究报告中明确了新建 110kV 输变电工程，终期升压为 220kV 输变电工程。如果将变电站建设在用电负荷中心外，不仅无法解决用电负荷密集区域的需求，用电卡口将仍会存在，而且通过高压线远距离送电，会造成空间资源浪费、电压质量下降，不利于供电安全。

（2）事件经过

2011 年 12 月至 2012 年 8 月，湖北省电力公司印发该输变电工程可行性研究报告审查意见的通知，并取得该升压工程线路规划意见。

至 2012 年 9 月，因环保部门已收到武汉市人大代表关于该项目的环保投诉，在评审会议上，湖北省电力公司对省环保厅及各位专家就人大代表提出的未批先建问题进行回答，环保厅及评审会专家认可了湖北省电力公司的说法。

2014 年 8 月武汉市某居民致信"市长信箱"，反映该变电站影响民生，武汉供电公司立即受理，由发策部、建设部共同办理，8 月 8 日初步完成该信访件的书面回复。8 月 9 日某小区部分业主反对在该小区建设 220kV 变电站事件发生后，湖北省电力公司在 8 月 10 日的《长江日报》上刊登了题为《居民质疑变电站为何建在闹市》的文章，阐明了该变电站建设的合法性，解释了在城市中心负荷密集区建设变电站的原因，旨在澄清居民对变电站辐射的误解，争取得到广大群众对变电站建设的理解和支持。8 月 11 日，湖北省电力公司又会同区公安局、规划局及街道办事处，联合与房地产开发商和业主代表座谈，宣传有关知识。9 月 4 日，武汉供电公司向周边某小区售楼部赠送1 000本《科学认识电磁场，畅享绿色电力生活》宣传册，用于相关业主取阅，了解科学的电磁环境知识；并积极与小区售楼部联系，计划联合举办一次电磁环境室外宣传活动。

（3）事件处理

2012 年 9 月，湖北省电力公司对环保部门已收到武汉市人大代表关于该项目的环保投诉，组织了评审会议，并在会上对省环保厅及各位专家就人大代表提出的问题进行回答，环保厅及评审会专家认可了湖北省电力公司的说法，问题得到解决。

在2014年8月武汉市供电公司对某居民致信“市长信箱”，反映该变电站影响民生的问题进行了书面回复。然而居民对于这样的书面回复并不满意。

对于这样的情况，应湖北省电力公司的恳求，《长江日报》上刊登了题为《居民质疑变电站为何建在闹市》的文章。又会同区公安局、规划局及街道办事处，联合与周边小区开发商和业主代表座谈，宣传有关知识。

同时在网络论坛上，受到强烈反对的房地产开发商对业主关于变电站建设情况进行了解释，称并没有对业主隐瞒有关变电站情况，最后事情得到初步缓解。

（4）事件后果

由于居民的强烈反对，湖北省电力公司被迫停止了变电站的升压建设工作，导致了变电站延迟供电，相关的周边建设得不到供电被迫停止或延迟。

（5）经验总结

在本次案例中，主要是由于相关的信息公开不到位，房地产开发商对于业主关于变电站的说明有误。一开始房地产开发商对购房的业主关于变电站存在错误的说法，业主发现110kV地下式变电站扩建为220kV开式变电站时感觉深受欺骗，加深了业主对房地产开发商和电网公司的误解。

同时由于网上关于电磁辐射的不当宣传，这也导致了居民对变电站的偏见，所以当发现周边的变电站升压并且变成开式的时候居民开始强烈反对。分析反对者对于变电站的驳斥，主要以网上的有关谣言或错误电磁知识为依据。同时由于对环评过程及听证会有质疑，认为环评作假或听证会没有听从公众的意见，种种发酵导致了事件的发生。同时，在处理居民的市长信箱投诉时，由于仅仅是对投诉的书面官方回复，加深了公众的误解。

3. 黄冈市某城区变电站工程

（1）事件经过

为解决目前黄州中心城区电网供电卡口的问题，保障中心城区行政、商业、居民生活用电，完善电网结构，提高中心城区的供电可靠性和电能质量，黄冈市电力公司拟规划建设该城区变电站。该变电站于2009年启动前期工作，经市、区、街道办事处、社区等沟通协调，征得规划、国土、环保、水利等职能部门同意，于2013年完成可研报告，顺利通过湖北省电力公司审查。同期，湖北省环境保护厅作出了《关于黄冈×××输变电工程环境影响报告表的批复》，认为该项目符合国家产业政策及项目所在地城市建设规划，在落实环境影响报告表提出的各项环境保护措施后，项目对环境影响可以控制在国家规定的相关标准和限值之内，同意建设该项目。2013年年底，该项目通过市发改委核准立项，项目计划2014年6月开工，2015年6月投产。

然而从2014年4月11日开始，项目周边公众代表多次到市政府、市规划局、市环保局和市电力公司当面协商，要求变更变电站地址。于是，该项目从立项起一大段时间内，工程建设无法起步。

（2）事件处理

在受到周围居民反对后，黄冈市电力公司会同市环保局、规划局等部门多次召开项目环保听证会。先后采取在施工场地放置环保宣传牌、播放央视焦点访谈关于电磁辐射的科普视频、邀请省环保厅专家上门宣传解释等方法，并于2016年1月12日组织周围居民前往武汉市位于闹市区的沈阳路、江汉路变电站参观。

针对公众反映的电磁辐射和噪音问题，黄冈市供电公司与四家单位信访人进行了沟通协调，在征求四家单位信访代表意见后，联系市环保局、环评机构于5月18日召开座谈会，就相关环评政策进行解释宣传。一是根据省环保厅作出的《关于黄冈×××输变电工程环境影响报告表的批复》文件意见，该项目符合国家产业政策及项目所在地城市建设规划，对环境影响可以控制在国家规定的相关标准和限值内；二是依据国家技术规范《500千伏超高压送变电工程电磁辐射环境影响评价技术规范》和《声环境质量标准》

规定，由于中心变电站还未建设，不能用现场监测方式证明，经对同等规模的已建黄州110kV变电站（该站位于黄州商城东面，周围居民密集）进行对比预测，根据湖北省辐射环境管理站对黄州110kV变电站环境监测报告，其工频电场强度、工频磁场强度、噪声均低于国家制定的标准限值，预测本变电站建成后其工频电场强度、工频磁场强度、噪声也应均低于国家制定的标准限值。

（3）事件后果

①由于区域内负荷增长较快，同时周边变电站过载严重，无法转供缓解，项目缓建或取消，将严重影响居民生产生活和区域内用户生产。

②区域及周边区域内用户用电报装无法接入，项目周边多个新建商住小区因该工程未建目前均采用临时用电，随着居民的不断入住，用电负荷的增长，临时用电设施将会因过负荷出现烧损或频繁跳闸停电，其终期用电必须依靠本变电站解决。

③由于该变电站无法落地，省电力公司被迫取消该项目，国家电网公司已严厉考核省、市供电公司。同时，还会因地方建设环境而影响省电力公司安排今后几年黄冈新开工项目建设，以及“光伏领跑者”和“光伏扶贫”等重点项目的支持度，势必会严重制约地方经济发展。

④该项目于2013年12月核准立项，核准期限为2年，由于未能按时开工，2015年核准有效期延期至2017年11月。若有效期内仍不能开工建设，相应前期取得的立项支持文件将全部作废，项目将自动取消或需重新办理手续。

⑤截至2018年3月，该变电站多次启动现场建设工作，但由于周边居民的强烈反对和现场阻挠，该项目一直处于停滞状态；目前周边变电站已经出现了重载，严重制约了供电系统的安全稳定。

（4）事件原因

* 根本原因

随着经济的发展，人口的增多，人们日益增长的电力需求与抵触电力设施、规避风险的心理形成矛盾。又随着居民生活水平的提高和环保意识的加强，而群众对电磁环境概念却没有正确理解，导致抵触心理不断扩大。

＊直接原因

①选址惹争议：当地居民认为，该变电站有 A、B、C 三个候选地址。A 候选地址，由于某种原因，被否定了。B 候选地址位于黄冈某住宅区附近，但居民害怕电磁污染，坚决反对，结果又被否定了。最后，将选址定于 C 处，紧贴学校、政府住宅区围墙，距离居民住宅只有几米或十几米，这是最不安全最不合理的选址。居民认为该变电站有更好的站址，不应选在人口如此密集地区。

②与公众沟通不足：在进行立项与环境影响评价时，据公众反映，黄冈市电力公司委托某咨询公司承担该变电站的环境影响评价工作，但缺乏与项目公众见面及征求公众意见，公众还认为其中存在弄虚作假、欺骗群众的行为。与公众沟通不足对整个项目产生了很大的影响，直接降低了当地居民对电力公司的信任度。

③土地管理规划存疑：部分居民认为，该变电站选址属于一块湿地，应予以保护，不能用来当作工程用地。同时，居民认为市规划局批准供电公司建设用地规划许可违法违规。

（5）经验总结

①站址的选择应引入公众参与，使得公众知晓站址选择的各种细节，具体的信息还需要进行公示，尽量使信息公开透明，充分保证公众知情权；

②项目环境影响评价、土地使用与规划必须保证符合相关程序，尤其是保证公众权利的程序一定要严谨实施，杜绝存在违法违规行为；

③听证会等与居民协调的举措需要尽早召开，相关部门应做到积极主动，参与方应做到能够广泛代表民意，政府应耐心倾听居民的合理诉求，并与电力公司一起协调解决矛盾；

④对待居民提出的一些错误观念，电力公司与环保部门都需要作出正确的、有理有据的回复，帮助居民正确认识相关科学概念。针对居民的一些错误观念，环保部门可以提前主动、潜移默化地做到正确宣传。例如，与当地电视媒体、网络媒体、新闻媒体进行合作，推出一些全方位的、立体的、公众喜闻乐见的宣传方式。

4. 荆州市某500kV线路工程

（1）事件背景

该线路工程于2005年12月取得原国家环境保护总局的环评审批，2006年开工建设，其中Ⅰ、Ⅱ回线路2007年投产，Ⅲ回线路2008年投产，2009年4月通过环保部的竣工验收。其中，邻避发生点房屋A位于该线路工程的两条高压线之间，房屋B位于高压线西侧。

（2）事件经过

2015年11月，房屋A居民投诉房屋两侧的高压线路，当地环境监察支队工作人员查看现场，并在现场调查时了解到：该居民从2015年8月搬出房屋A另选房屋居住，调查时无人居住。随后组织第三方检测公司对投诉点进行检测，荆州市供电公司将《检测报告》报送环保部门，环境监察支队工作人员将《检测报告》送至投诉人手中。

2015年11月，房屋B居民向荆州市环保局反映，武汉某公司监测人员告知高压线各项指标超标，但环保局给出的处理意见表示辐射未超标。

2016年12月，当地居民向中央环保督察组举报该线路工程Ⅰ、Ⅱ、Ⅲ回线路电磁辐射超标，荆州市环保部门、区镇人民政府对此信访件高度重视，多次展开现场调研并在所在村村委会多次召开协调会，充分听取投诉人的意见和诉求，同时要求荆州市供电公司向当地村民公开修建该线路工程的相关资料及输变电线路架设技术规范，聘请专家上门解答沿线居民在日常生活中遇到的静电现象，普及电磁辐射的相关知识。同时委托第三方检测公司再次对投诉人居所进行电磁环境监测，环保部门将《检测报告》送至投诉人手中。

（3）事件处理

2015年11月居民就投诉过高压线问题，荆州市供电公司及时进行了信息反馈。但投诉人对《检测报告》仍有疑虑，又听信传言认为高压线各项指标超标，对环保局给出的辐射未超标意见存疑。对此，相关单位未公开线路相关技术规范文件，也没有向公众普及相关知识，使得公众对这项工程心怀抵触。

2016 年 12 月，荆州市环保部门、区镇人民政府对此信访件高度重视，多次展开现场调研并在所在村村委会多次召开协调会，充分听取投诉人的意见和诉求，同时要求荆州市供电公司向当地村民公开修建该线路工程的相关资料及输变电线路架设技术规范，聘请专家上门解答沿线居民在日常生活中遇到的静电现象，普及电磁辐射的相关知识。同时委托第三方检测公司再次对投诉人居所进行电磁环境监测，环保部门将《检测报告》送至投诉人手中。

荆州市供电公司接到荆州市环保局转交的信访问题后，及时了解线路资产单位、运维单位建设运行情况、环保手续履行情况，拿到相关审批文件，并联系第三方监测单位开展现场监测。对信访户与输电线路的位置关系、工频电磁场连续 2 天开展了 2 次监测。监测结果表明，线路建设满足《110kV～750kV 架空输电线路设计规范》（GB 50545—2010）要求，工频电磁场满足《电磁环境控制限值》（GB 8702—2014）要求。在市环保局组织下，电力公司会同区、镇政府、村委，与信访户进行了两次面对面沟通，讲解电网建设标准、电磁环境国家标准，现场公布监测结果，解答村民提问，市环保局对村民诉求进行了现场答复，市环保局还邀请电视媒体对监测过程、面对面交流过程进行了录播。此后，又两次组织赴现场开展环保专题宣传工作，解答公众对电力设施电磁环境影响的疑惑，开展专家咨询，播放环保宣传片，发放宣传材料。

（4）事件后果

经过多方工作，市环保局正式向中央环保督察组提交相关材料。公众对于该线路工程有了较为清楚的认知，对电力公司的回应表示满意，但线路施工方未和线下房屋居民就拆迁赔偿达成一致。

（5）事件原因分析

该 500kV 线路在修建过程中存在宣传力度不够、信息不对称、公示不全面的情况，导致居民对该工程的重要性和必要性缺乏认知，对该工程一开始就没有较为支持的态度。

同时，居民缺乏专业知识，对于高压线及辐射心怀恐惧，相关单位没有就此进行主动答疑，于是居民更易听信传言，主观臆测，以致反复投诉。

（6）经验总结

本案例中，主要是宣传力度不够、信息不对称、公示不全面带来的问题。在这种大型工程进行时，一定要做好宣传工作，对于公众可能存有疑虑的地方加以解释，及时沟通。

在前几次回应投诉时，单纯的《检测报告》无法消除公众疑虑，因为他们对于专业知识并不了解，也觉得没有受到重视。在进行回应时，一定要深入群众，全方位考虑。

5. 荆州市洪湖市某输变电工程

（1）事件背景

该工程变电站建于 1985 年，当时为 35kV 变电站，1994 年升压为 110kV，2003 年以后主变停运。随着当地经济迅猛发展，商业繁荣，用电负荷持续增加，为提高供电可靠性，需对该变电站进行扩建。扩建工程包括：新增 1 台主变，容量为 40MVA。

2009 年，某咨询公司编制了扩建工程的环境影响报告表，同年 6 月获得省环保厅批复。2011 年 3 月，省发展改革委下发该扩建工程可研报告的批复。

（2）事件经过

2012 年 4 月开始启动扩建工程。6 月上旬，洪湖市环保局接到当地二十多户居民联名投诉，反映该变电站扩建过程中有电磁辐射危害。洪湖市环保局组建工作专班进行了调查，并安排当地政府、电力公司、投诉居民三方举行听证协调会。

2012 年 9 月，某居民赴湖北省环保厅辐射处，认为环评报告中公众参与人员名单造假，要求查处。咨询公司出具现场调查表、照片及影像证据，证明了该公司按照规范开展了现场调查，并对一些误会作出了解释说明。省环保厅辐射处对居民的质疑进行了详细解释、答复，但是居民仍不满意，认为环评造假，工程建成后将严重污染其生存环境，并到省政府信访办申请环保行政复议，要求撤销对环评的批复。

2013 年 3 月，湖北省人民政府作出决定，维持省环保厅环评批复。随后，居民向所在区人民法院起诉，诉讼目的及诉讼说辞与申请行政复议大致相同。2013 年 8 月，区法院宣判驳回原告诉讼请求。一审败诉后，居民提出上诉到市中级人民法院；二审主要对一审的材料进行了复核，并进行了现场调研，中院终审判决“驳回上诉，维持原判”。

2014 年 1 月工程投产后，电力公司进行了噪声治理，但验收监测时受阻。

（3）事件处理

* 咨询公司成立协调专班，做好技术服务

咨询公司配合省环保厅，进行现场复核、公参说明、行政复议材料整理、应诉材料整理、去法院送材料解释沟通等。

* 积极与居民沟通，举行听证会，协调各方

在整个事件期间电力公司协调各方，多次组织人大代表以及社会知名人士等参观变电站，多次组织市环保局、市发改局、居民代表等举行听证会，并针对居民所提的多方面问题进行回答。

* 及时与省法制办及法院交流沟通

无论是省法制办还是法院的相关人员，对环保及输变电的专业均比较生疏，要让他们做出正确的判断，首先得让他们获得一些基本的专业知识，包括名词、术语、标准、程序等。省环保厅在这方面积极进行了交流沟通。

（4）经验总结

* 公众参与工作需改进

公众参与制度在顶层设计方面存在一定的缺陷，调查者与被调查者之间存在着信息不对称、权利与义务不对等问题，开展公众调查存在一定的难度和诸多的干扰因素。

本工程属扩建工程，变电站围墙距离居民区很近，第一排房屋有 13 户居民，居民内心是很敏感的，由于当时很多居民外出致使回收的调查表数量偏少，对于这种敏感的项目，即使居民外出也应采取多种手段同他们取得联系，征求他们的意见。对于在家的居民，尽量要求当事人自己填写调查表，这样可以杜绝因为方言口音听不清而出现错别字。如果当事人实在不愿意填写或者不会写字，要在表上注明代写的原因，并且每个被调查的对象都要拍照留证

据，有条件时尽量录音、录视频。

＊信息的公示需及时充分

从居民的上诉中可以看出，居民因对变电站扩建过程信息公开不足而存疑，并以此为由进行抗议，表明工程建设过程中相关的环评信息、审批批复信息等的公示并没有让居民及时充分了解从而产生误解。

＊报告质量需加强

应该加强报告质量把关，环评工作中应更加认真、细心、细致、严谨。环评报告要经得起检验、经得起公开、经得起对簿公堂，不能存在瑕疵。

6. 武汉市东西湖区某输变电工程

（1）事件背景

该拟建变电站位于东西湖区金银湖街，主要供东西湖区东至机场高速、南至张公堤、西至金湖、北至金山大道，面积约 11km^2。由于中国电信、第十届国际园博会园林艺术中心、华生地产等 8 家商业大户和地产的入驻，需新增容量 104MVA。为了满足该供区负荷发展需求，保障第十届国际园博会顺利开园，减轻周边马池、海口变电站供电压力，国网湖北省电力公司立项开展该项目，并于 2013 年 9 月审查了该项目的可行性研究报告。2013 年 12 月，国网湖北省电力公司印发了关于该 110kV 输变电工程可行性研究报告审查意见。

（2）事件经过

该变电站选址位于武汉市园博园西北角，距 A 小区 39 栋、40 栋两幢居民楼约 50m，距 B 小区幼儿园约 90m。

启动环评工作后，2013 年 12 月环评单位对该项目进行了现场踏勘及环境影响评价公示。武汉供电公司和环评单位分别接到 A 小区居民的投诉反对电话共计 20 余次，并分别对居民做了详细的沟通解释工作。

2013 年 12 月 21 日，数十户居民代表围堵了社区及园博园项目指挥部，表达了对电磁辐射和噪音的担忧及反对修建该 110kV 输变电工程的诉求。

2013 年 12 月 23 日，园博园项目指挥部召集武汉市国土资源和规划局、设计单位、环评单位了解了项目的相关情况。会后，环评单位到达项目现场开展了公参调查，下发调查问卷 150 份，回收约 120 份，均为反对意见。该项目的环评审批遭遇较大阻力，项目核准和开工时间都无法保证，对计划于 2015 年 6 月园博园开园的投产送电造成严重制约。

（3）事件处理及结果

* 及时与政府沟通汇报，实现政企联动

项目遭遇居民反对后，武汉市供电公司及时向市政府进行了专题汇报。12 月 23 日，市政府召开会议，讨论园博园电力迁改及该变电站建设等相关事宜。

2013 年 12 月 26 日，市政府召集东西湖区政府、街道办、武汉市土地规划局、武汉市供电公司、供电设计院、咨询公司等协调该变电站选址纠纷问题，请东西湖区政府具体负责协调相关事宜。

2013 年 12 月 30 日，东西湖区政府召集武汉市供电公司、环评单位、设计单位、A 小区社区居民代表等召开该变电站选址居民沟通会。会上，武汉市供电公司和环评单位向居民代表介绍了变电站建设相关内容，明确了变电站建成对周围环境无影响，基本取得了居民理解，并定于 2014 年 1 月 7 日由武汉市供电公司邀请居民代表参观部分市内已建成变电站。

* 积极与公众沟通解释

2014 年 1 月 7 日，武汉市供电公司邀请居民代表参观已建成的类似变电站，并调配大客车到达 A 小区，居民聚集约百余人，但不愿前往参观。武汉市供电公司代表在 A 小区现场与居民对话，宣传输变电设施电磁科普知识，基本取得了居民群众的理解。

* 优化设计方案，实现人居协调

一是优化变电站布局形式。变电站采用全户内布置，尽量减少变压器等设备的噪声影响和对周边居民的视觉影响。

二是优化变电站建筑风格。该变电站位于园博园内，既是公共基础设施，又是景观旅游区域；武汉市供电公司积极争取、加大投入，按照园博园的整体建设风格进行规划设计，将变电站打造成园

博园的一处景观；对周边的社区而言，在心理影响方面得到了有效降低。(见图 3.7)

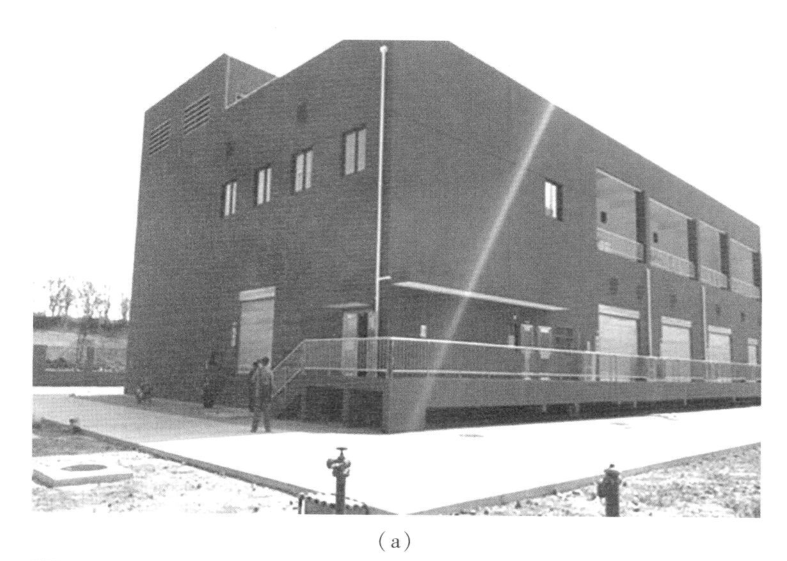

(a)

(b)

图 3.7 与园博园保持一致的变电站建筑风格

三是优化进线接入方案。为尽量减少对周边社区人居环境的视觉干扰，协调景观布局，武汉市供电公司与武汉园博会筹备指挥部深入沟通，将该变电站的四回 110kV 架空进线（2×0.7+2×0.7 千米）改为电缆入地。(见图 3.8)

＊处理结果

尽管由于建设方案在优化调整过程中增加了投资费用，但通过积极争取、政府投入等多种渠道，该变电站面临的邻避效应问题得到了很好的缓解。

2014 年 3 月，武汉市环保局批复了该 110kV 输变电工程环境影响报告表；2015 年 6 月，该项目顺利建成并投产送电；2015 年 10 月，该项目通过了武汉市环保局的竣工环保验收。(见图 3.9)

2017 年该变电站还参与了武汉市“寻找江城最美变电站”评选活动。

图 3.8　变电站采用电缆进线并进行绿化

图 3.9　对环境敏感点进行监测

（4）经验总结

①优化设计方案，敏感区域的变电站建设既要满足基本的环保标准，也要考虑居民的心理因素和对景观旅游资源的保护；

②政企协同，上下联动，确保公众沟通有效顺畅。在环评阶段遭遇公众强烈反对后，武汉市供电公司及时向武汉市政府、园博园筹建指挥部、东西湖区政府等各级政府进行专题汇报；各级政府积极提供协助，多次召开现场办公会、协调会、座谈会，实现了环保纠纷处置的政企协同；通过与环评单位、设计单位进行技术上的全面对接，用科学、合理、可信的结果争取了居民的理解与信任。

7. 宜昌市某 500kV 变电站噪声超标

（1）事件经过

2012 年 9 月 23 日，该变电站设备运行基本正常，但站内值班人员发现#1 主变噪音过大，经询问公司调度，为相关线路因设备故障造成单极运行所致（由于直流系统单极运行，造成#1 主变出现偏磁现象而出现较大的噪音），故障线路计划于24日16点恢复双极运行。

23日19点左右，陆续有村民到站内或致电反映#1主变噪音过大，无法睡眠问题。变电站站长向村民进行了解释，告知主变噪音过大是由于整个电力系统其他站所设备不正常运行引起，属暂时现象，设备将于24日16点左右恢复正常运行，到时噪音即会消失，同时进行了道歉。

21点，值班站长陪同村民沿着进站公路对村民居住点进行了噪音实地检查。经检查：①距离站直线距离200m的一村民家里关闭门窗后的确有嗡嗡的噪音；②直线距离50m的站门口三家关闭门窗后噪音较大；③其他村民家里检查均有不同大小的噪音，并再次对村民进行了解释和道歉。

9月24日16点开始，部分村民将变电站大门堵住。

变电站值班员联系公司调度得知故障线延期24小时将于25日16点恢复双极运行。得到延期的信息后，值班站长对村民再次进行解释并告知由于检修延期24小时，变电站主变声音将在25日16点左右恢复正常。随后，陆续有二十余人聚集在站门口，要求立即消除主变噪音。主变声音在9月25日14点恢复正常，村民在17点散去。

本次故障线路单极运行约52小时，导致本案例#1主变大噪音持续52小时。

（2）事件处理

本案例主变噪声的过大现象历时3天，为线路故障单极运行使本案例主变发生偏磁所致，属电网设备运行的异常状态，故障设备经过3天检修恢复正常运行状态后，噪声随即消失。

接到投诉后，湖北省电力公司一是进行了事件原因的解释工作，并到相关村民家中拜访慰问；二是委派湖北省电力科学研究院的专家对该变电站正常运行工况下的噪声环境进行了监测，结果表明变电站周边的环境噪声质量符合国家噪声环境一类标准；三是组织专业技术人员研究直流偏磁产生的机理及抑制直流偏磁的措施，尽快改造，尽量减少变压器偏磁导致噪声过大异常事件的发生。

2013年11月14日（无单极运行），湖北省环保厅组织专家前往该变电站对电磁辐射、噪声、无线电干扰等环境因子进行了检测，检测结果均满足国家相关法规和标准。但投诉居民反映检测当天的噪声偏低，与噪声最大值相差很远。

经环保厅协调，村民提出三点要求：一是尽快完成该变电站的环保验收工作；二是请环保部门在噪声大的时段再次进行检测；三是请电力部门基于非正常运行方式下的较大噪声给予抚慰金。

（3）经验总结

出现噪声过大的现象时，变电站人员没有及时主动与附近群众交流解释，减缓群众不满情绪，居民投诉后才出面应对。

变电站主变在附近直流线路单极运行时因偏磁造成较大的噪声引起投诉。事后，组织了变压器专业人员与湖北电力科学研究院的专业人员一同赴上海电力科学研究院开展了治理方案的交流调研。电力公司已经针对该变电站噪声治理申报了技改项目并进行了治理。

为了更全面地了解和分析我国目前电网工程的邻避效应，本书对湖北省外的部分工程邻避事件也进行了研究。

8. 河南省濮阳市某输变电工程

（1）事件经过

该变电站为位于市区中心的110kV变电站，为全户内变电站。

2015年10月，某咨询公司完成了该输变电工程环评报告的编制。12月获得濮阳市环境保护局的环评批复。

2017年2月，因项目选址原因，周围小区居民认为变电站距离小区太近，且侵占了公园用地，在变电站开工期间，阻挠变电站的建设，并采取在市政府门前示威等过激行为，表达不满情绪。

市政府在接到群众的上访后，及时组织供电公司、环保局、信访办等单位协商处理该事件。

（2）事件处理

为切实解决当地用电问题，全力以赴推动项目落地，电力公司就居民关注的电磁辐射问题，采取宣传车现场宣传、报纸专栏宣传、微信公众号宣传以及电视台专栏节目等进行全方位宣传工作，并在区政府的主导下，由区政府动员各街道、社区居委会，组织 80 名街道及社区居委会工作人员上门挨家挨户进行宣传工作。另外，采取邀请市民实测电磁数据等方式，引导市民正确认识电磁辐射；同时，在政府部门的主导下，积极组织居民代表及政府各相关职能部门负责人召开环保听证会，给居民一个公平表达自己诉求的机会。

（3）事件后果

宣传期间，效果良好，最终听证阶段，由最开始的 3 名居民代表同意参加到最终无居民代表到场，结束了环保听证工作，变电站的建设在合法合规的基础上顺利推进。

（4）事件原因分析

①中心公园规划面积一再缩水，导致居民对政府缺乏信任感，变电站选址在公园内，进一步激发了该矛盾；

②对环保局审批该变电站的过程存疑惑，认为公参存在造假，宣传工作不到位；

③部分居民对变电站产生的电磁影响不了解，过于恐慌。

（5）经验总结

本工程环评审批流程合法，最终出现大规模信访事件是因为政府规划一再修改，导致居民与政府之间矛盾激发，变电站的建设只是一个导火索，但是这期间的一些问题还是需要引起注意。

一是前期阶段，应认真落实公众参与调查工作，保证公众参与结果真实有效，结论可信。

二是建设单位应在前期加强宣传工作，尤其是在敏感项目选址期间，做好站址比选，重点考虑环保影响，尽量在选址期间解决居民的环境纠纷。

由于该工程在协调沟通过程中进行了全方位的宣传，并由政企联合对居民进行科普引导，最终项目得以顺利实施。

9. 福建省泉州市某输变电工程

（1）事件经过

该 110kV 输变电工程于 2012 年 9 月开展环境影响评价工作。环评公司人员对项目周边居民进行了现场公众参与调查。周边大多数居民口头表达了他们对变电站建设的意见，较少居民填写公众参与调查表。后期站址所在处的社区居民采取投诉信、协调会等方式积极表达了对变电站建设的意见。

2012年12月，电力公司组织召开了项目的现场协调会，会议邀请社区居委会和公众代表、电磁环保专家、环保主管部门及相关部门参加。参加会议的大部分居民在经过电磁环保专家及相关部门对变电站建设的环境影响解释之后，仍对变电站的建设持不赞成态度。协调会后，建设单位与环评单位在社区居委会工作人员的协同下，对附近居民进行了逐户调查，仍有较多居民不愿填写公参调查表，仅表达口头意见。

2013年4月至6月，泉州市城乡规划局、项目所在区人民政府多次召开关于变电站的协调会，规划局、环保局、电业局、街道、社区、相关居民代表参加了会议。经过政府相关部门及电业局等对项目建设的解释说明，参会居民代表仍然对变电站的建设持反对意见。参会单位及个人针对变电站建设仍未形成统一意见。

2013年12月，泉州市环境保护局组织召开了该输变电工程环境影响报告表的技术审查会。2013年12月30日，泉州市环保局对该项目环评报告进行了批复。

项目取得环评批文后，居民就泉州市环保局关于本项目的环评批文向福建省环境保护厅提起行政复议，复议机关于2014年7月作出行政复议决定，维持泉州市环保局作出的环评批复不变。

2014年8月，变电站站址附近居民联合对泉州市环保局进行了起诉，要求撤销项目环评批复。2014年11月，区人民法院开庭审理此案，并作出不支持原告诉讼的判决。

2014年12月，原告对此案进行上诉，泉州市中级人民法院于2015年6月开庭审理，作出维持一审原判的判决。

（2）事件处理

为切实解决当地用电问题，全力以赴推动项目落地，电力公司一是就居民关注的电磁环境问题，通过强化科普宣传、邀请电磁方面专家答疑解惑等方式，引导市民正确认识工频电磁场；二是与项目周边居民召开项目协调会，听取并收集相关群众诉求；三是积极向政府各相关部门及主要领导报送该区域电网建设专报，联合政府各方力量，完成了该项目的环评工作；四是项目进入行政复议阶段后，泉州市环保局、建设单位、环评单位、设计单位等相关部门积极配合取证，泉州市环保局主动公开项目审批过程，最终取得胜诉。

（3）事件原因分析

①部分居民对该项目的公众参与过程存疑；

②居民对变电站电磁环境存在过度担心，对相关科学概念没有正确认识；

③居民认为该站选址存在问题。

（4）经验总结

从本工程所引发的事件来看，可以从下列方面做一些改进措施：

①站址选择阶段：该项目可以将站址选择的相关程序和细节让公众知晓，做到有理有据，公开透明；

②公众参与过程：虽然环评公司和建设单位在项目公众参与过程中各种举措都合乎程序和相关法律法规，但在公众参与过程中对周边居民的诉求及相关疑惑解释不够到位，对周边建筑的所有者和租户之间的意见采纳情况，未及时做到回访或反馈；

③双方沟通：建设单位及政府相关部门虽然召开了项目协调会和项目听证会，收集了相关群众的诉求意见，但是有部分居民对沟通结果不满意，此时未能及时进一步进行有效沟通；

④科学概念的宣传：建设单位及政府相关部门举办了多次居民协调会，向居民介绍了项目建设的必要性及电磁科普知识，但是还是有部分居民不信任建设单位及政府相关部门，认为他们不能从居民代表自身利益出发。所以，建设单位、环保局及政府相关部门应主动在平时进行电磁方面的宣传工作，主动耐心地向居民普及电磁相关环保知识。

3.2.3　典型案例总结

通过对上述 9 个典型邻避案例的深入分析，可以发现政府相关部门、电网企业在整个工作程序中基本不存在重大问题，但解决邻避效应方法太单一，效果不明显。造成公众对项目的邻避心理及引起邻避冲突的主要原因包括：

①项目选址存在问题，很多输变电邻避事件并不存在环境超标或污染问题，公众更多的是对规划选址的质疑或不满。

②部分公众对项目的环境评估等管理程序存疑。公众认为在规划选址、环评、验收等过程中缺乏公众参与或者只是走走形式。部分公众对电网企业的环评和建设是否符合国家标准表示怀疑，对工程建设批复流程以及环评的公正科学性存在不信任。

③对电网工程电磁影响存在过度担心，对相关科学概念没有正确认识。公众缺乏专业知识，对于高压线及辐射心怀恐惧，相关单位没有就此进行主动答疑，于是公众更易听信传言，主观臆测，以致反复投诉。

④环评、验收等报告质量存在问题，部分人员工作不够认真、细致、严谨。

从上述电网工程所引发的邻避事件来看，可以从下列方面做一些改进措施：

①站址选择阶段：项目可以将站址、线路选择的相关程序和细节让公众知晓，做到有理有据，公开透明。

②环境评估程序：部分公众认为项目的一些环境评估程序不够公开透明，虽然相关单位处理类似事件的举措基本上都合乎程序和相关法规，但是程序中缺少了公开透明的细节，这一点需要做到必要的信息公示和透明，消除居民对环境评估程序内心的疑虑。

③双方沟通：相关单位虽然召开了项目协调会和项目听证会，收集了相关群众的诉求，但是有部分公众认为相关部门对其意见不够重视，这其中存在一定的沟通问题，有关部门必须重视公众的意见并及时给予回复。

④科学概念的宣传：相关单位举办了多次公众协调会，向公众介绍了项目建设的必要性及电磁科普知识，但是还是有部分居民表示不信任，认为其代表着自身利益。所以，环保相关主管部门、专家代表等可以担任第三方的角色，向居民普及相关环保知识，这样

会具有一定公信力。

⑤建设单位应该根据公众的意见或担忧，主动优化设计方案，实现人居协调。

在解决电网工程邻避困境比较成功的武汉市东西湖区某工程中，电网企业采取了优化变电站布局形式，将变电站采用全户内布置，尽量减少了变压器等设备的噪声影响和对周边居民的视觉影响。采取优化变电站建筑风格，使变电站与园博园的整体建设风格保持一致，将变电站打造成了园博园的一处景观。采取优化进线接入方案，为尽量减少对周边社区人居环境的视觉干扰，协调景观布局，将该变电站的四回 110kV 架空进线改为电缆入地。通过建设方案的优化调整实现人居协调，有效地解决了邻避效应问题。

3.3　电网工程邻避纠纷风险源的分析

通过上述社会调研和案例分析，准确了解了公众的意见和想法，并深入分析了邻避效应发生的过程、产生的结果和原因，抓住主要矛盾，揪出风险源，实现对邻避效应风险源的本质探究，可以为后续邻避问题的解决提供措施依据。

3.3.1　源于电网公司的风险

1. 高压输变电项目的环境影响

（1）工频电磁场

高压输电线路和变电站中的高压电力设备与大地之间存在一定的电位差，会形成较强的工频（主要为 50/60Hz 低频）电磁场。变电所内导体纵横交错，带电设备和接地架构多种多样，形成一个复杂的三维场分布工频电场。建于人口相对稀少的农村地区的变电站一般多采用户外布设，线路多为架空送电线，变电站附近和沿线的工频电场影响相对较大。建于城市的变电站，大部分是户内型，进出线采用地下电缆，地下电缆的工频电场影响较小，可以不予考虑。

（2）噪声

早期变电所的主变设备采用油浸风冷方式散热，有些设备噪声高达 80dB（A）以上。新型的主变设备采用油浸自冷方式散热，220kV 主变设备噪声已降低到 70dB（A）以下，110kV 降到 63dB（A）以下。变电所主变多设置于场地中央，户外型变电所对近距离的敏感点可能产生噪声污染。对于户内型变电所，由于建筑物的屏蔽和距离衰减，噪声对周围环境的影响可以忽略不计。

（3）感应电

人体碰触在电场中带有大量感应电荷的金属物体（诸如与超高压电力线路平行的未接地长金属电线、大型汽车、集装箱卡车等），当这些金属物体对地绝缘时，金属物体上的感应电荷通过人体流入地面，形成导致不自主肌肉收缩的接触电流或产生痛感的火花放电。在一些高电压工程技术文献中，把这种较强的接触电流或产生痛感的火花放电现象称为“火花放电电击”。

必须指出，即使是这些较强的感应放电效应，与触摸到低内阻电源时可能产生大电流电击的生理效应也是截然不同的。因为电场中金属物体通过电场耦合积累的感应电荷通常是有限的，这些电荷通过人体瞬时释放一般不会对人体带来危险，其作用时间仅几微秒至几十微秒，不足以造成心室纤维震颤，只会给人带来不舒服的感觉。

（4）静电感应

静电感应是高压交流输变电工程主要考虑的电磁环境问题之一，输电电压的提高必然导致输电线路周围空间电场强度的提高，从而因静电感应引起一系列“电场效应环境影响问题”。事实上，在电场强度较高的区域活动时，某些人会产生毛发竖立或皮肤刺激感，甚至在某些情况下会因人体与其他物体间发生放电而引起明显的刺痛，对于平地站立的人会引起烦恼，对于高空作业而又没有思想准备的人还可能引起坠落事故。因此，有必要对高压输电线路的静电感应问题进行分析。

＊电场生态效应

人在输电线路下的电场生态效应包括直接感受、暂态电击和稳态电击。

人在工频电场中的直接感受体现在两个方面，一是通过皮肤和毛发感知静电场力，二是通过流过人体的电流感知。国际电气与电子工程师学会静电感应工作小组提出：成年男性平均感知电流的有效值约为 1. 1mA，成年女性约为 0. 7mA。在跨越农田等地区，多数交流输电线路下工频电场强度最大不超过 10～15kV/m，此时 1. 75m 高的人感应电流约为 0. 15～0. 23mA，说明交流输电线下感应出的电流还达不到感知的水平。

暂态电击是指当接地的人接触电场中对地绝缘金属体，或对地绝缘的人接触电场中接地的金属体时，因静电感应积聚在对地绝缘金属体或人体上的电荷，以火花放电的形式，通过人体向大地释放所造成的电击。此外，在电场中人接触其他导电物体时，由于人体与该物体上感应的电荷量不同，两者间存在电位差，致使接触时有电荷流动，形成接触电流流过人体。接触电流超过一定阈值时，会对人体神经与肌肉产生刺激，接触电流更大时甚至会在接触瞬间感受到火花放电痛感。

暂态电击水平，即人发生暂态电击时的感受水平，取决于接触瞬间通过人体释放的电荷量。发生暂态电击后产生的感觉，与释放的电荷量、皮肤的潮湿程度等因素有关。当放电电荷量较小时，人感觉轻微，甚至什么感觉也没有。当放电电荷量较大时，人会有针扎的感觉。这种感觉与日常生活中出现的静电放电现象类似，一般不会对人体造成伤害。

稳态电击是指当接地的人触摸电场中的对地绝缘金属体，通过电容耦合产生流过人体的持续稳态电流所造成的电击。中国电力科学研究院曾用静电感应模拟装置测量了在 500kV 试验线路下多种拖拉机和收割机的稳态电击电流，结果发现：即使在 500kV 线路对地高度低至 10m（线下 1. 5m 处电场强度达到 11. 5kV/m）时，人触摸这些大型车辆时的稳态电击电流仍小于 5mA。对于轮胎具有一定导电性能的车辆，线下稳态电击电流则更小。

通常，在输电线路附近发生的暂态电击或稳态电击现象，可能让人烦恼，但不会对人体造成伤害。

＊相关观点

人处于电场时，总有稳态电流流过人体，使得毛发竖立，身体与衣服间有刺痛感，人体的各种感觉与地面场强有关。关于人和动物在场强很高的输电线下产生的生态效应问题，国际上有两种观点：一种认为有影响，必须有防护规定；另一种认为无有害影响，不需要限制场强。美国对生态效应进行了大量的试验研究，在输电线下用人、动物、农作物等进行观察对比试验，大量的科学数据表明，输电线路的电场对人体健康、动植物的生长没有有害影响。

虽然世界卫生组织已确认公众实际生活环境中可遇到的电场对人体健康无影响，但是输电线路的电场确实可能被体表电场效应所察觉，或在一定条件下使邻近居民产生不愉悦等消极感受，从而影响到周围住宅区居民对输电工程的态度。因此，应采取有效措施，尽量避免使公众产生不良感受。

（5）铅酸蓄电池

铅酸蓄电池具有可靠性高、容量大、承受冲击负荷能力强及原材料取用方便等优点，在发电厂和变电站的直流系统中得到广泛采用。以往固定铅酸蓄电池分为开口式、防酸式和防酸隔爆式等，它们存在体积大、电解液为液体（如溅出会伤人和损物，使用过程产生氢、氧气体，伴随酸雾，对环境带来污染）、运行操作复杂等缺点。近十几年来，在变电站直流系统广泛使用的阀控密封铅酸蓄电池基本克服了一般铅酸蓄电池的缺点，逐步取代了其他型式的铅酸蓄电池。阀控密封铅酸蓄电池性能稳定、可靠、维护工作量小，受到设计和运行人员的欢迎。但是废旧铅蓄电池的处理仍然是一大问题。

（6）冷却油排放

废矿物油中普遍存在且含有多种毒性物质，这些毒性物质一部分来源于为实现或增强某种功能而加入的化学添加剂，另一部分则产生于油品在使用过程中受到的污染、发生的化学变化或某些添加剂因分解作用而生成的产物。除去排放到大气中的部分，剩余毒性物质均留存在废油中。排放后会对环境造成严重污染。

（7）植被破坏

电网工程在建设期间会使建设用地的原有植被遭到破坏。

2. 电网项目环境管理问题分析

（1）机构人员不足

生态环境部将核与辐射监管部门由一个司增设至三个司，人员编制和经费也得到了大幅度增加。而许多地市的环保部门仍然没有设置核与辐射的监管或者监测部门，县区级环保部门更是无人负责，与《电磁辐射环境保护管理办法》中“县级以上人民政府环境保护行政主管部门对本辖区电磁辐射环境保护工作实施统一监督管理”的要求极不相符。人员编制严重缺乏，许多地市都是负责监管电离辐射的人员兼职监管电磁辐射，没有专人负责全市电磁辐射信访投诉处理和监测，各项经费严重不足。因此，这一问题不能解决，无形中削弱了核与辐射工作的管理力度，必然会对各项工作的开展带来不利影响。

（2）规划不明

目前，城市规划中缺少对电磁类项目建设的考虑，电力、通信等部门的总体规划对电磁环境考虑较少。现阶段，我国对电磁环境尚没有相关的规定，对于电磁设施的规划布局和环境电磁辐射水平控制缺乏科学依据，使得电磁设备、设施与城市居民区之间经常存在交叉影响的现象。近年来，由于城市规模扩大，使得原处于市郊的电磁类设施逐渐被新建居民区所包围。另外，由于建设用地的紧张，部分通信基站、输变电设施等工程建在居民区附近，进一步激化了与公众的矛盾。

（3）调查监测跟不上变化

随着我国经济建设的快速发展，许多城市街道周边的环境情况经常发生改变，尤其是发达城市，输变电工程周边环境 1~2 年就已经全部改变，加之输变电工程的负荷也已成倍增加，致使输变电工程原竣工验收时的各项参数及周边环境经常改变，竣工环保验收调查和监测报告早已不能反映现在的实际情况，形成了电磁辐射项目特有的“常变性”，最后导致环保管理的难度加大。

（4）历史遗留问题严重

在 2016 年环保部完成历史遗留问题的清理工作之前，大量历史遗留的输变电工程因建设时期环保法律法规不够完善，项目的环保手续不合法，辐射等污染存在超标的可能性，甚至还有许多电磁辐射建设项目比周围敏感点先建设，导致难以确认其责任。且因城市发展的需要，一直处于“必须运行”的状态，在法律法规和技术标准上都存在很大的违法风险，一旦遇到群众环保投诉时环保部门将极为被动，容易引发群访事件，成为影响社会稳定的隐患。

（5）现有法律尚未严格执行

根据《电磁辐射环境保护管理办法》第十九条的明确规定，“经环保验收合格的电磁辐射建设项目和设备，由环境保护主管部门批准验收申请报告，并颁发《电磁辐射环境验收合格证》（以下简称《合格证》）”。在实际工作中，负责批准验收申请报告的环保主管部门并没有按照规定履行《合格证》手续加强法律法规中规定要求的落实，以致办法中要求的合格证变成空谈，也成了电磁辐射环境管理的漏洞，增加了巨大的环境管理违法风险。

（6）相关法律法规标准不完善

目前我国就电磁辐射并未出台比较健全的单项法律法规，目前就电磁辐射单项出台的专门规范只有原国家环保总局 1997 年颁布的《电磁辐射环境保护管理办法》，该规范为部门规章，且严重滞后，难以满足人们日益提高的环保要求。

（7）相关宣传解释不足

针对各类电磁辐射源的投诉问题日益严重，市民对电磁辐射的恐惧心理更加严重，加之人们将核辐射和电磁辐射混为一谈，一提到辐射，就联想到“切尔诺贝利事件”“日本福岛事件”，以致“谈辐射就色变”。

（8）环保工作者与公众沟通不当

目前国际上对工频电、磁场对人体的健康影响始终处于争论阶段，从环保角度，目前能给出的答案只能是是否满足国家标准。但是往往在征求项目周边公众意见时，最多被问到的是是否对健康产生影响，而环保工作者又难以准确地回答。这就好比我们生活中的饮用水，在饮用水中含有各种微生物以及细菌病毒等。从环保角度，在满足国家标准的情况下，即认为水体满足功能区划属于达标。但对人体是否产生影响，应从医疗卫生等多角度考虑，单纯地与环保挂钩无法解决。同时环保是项目审批的急先锋。项目涉及的拆迁补偿以及占地补偿等问题，也集中反映到环保公众参与中，使很多非环保因素导致四周公众反对项目建设，造成大量反对意见。

（9）环保审批程序不透明导致公众存疑

近年来，随着公众维权意识的提高和对环保法律法规的了解不断深入，在一些经济发达地区和人口密集的大型城市，公众抵制输变电工程的理由逐渐从反对“电磁辐射”影响向投诉环保审批程序存在问题转变。其中，一是认为有的电网建设项目应做环境影响报告书而做了报告表，不符合环保法规要求；二是对环评和验收过程中公众意见调查范围和调查方式持有异议；三是对环保法律法规和相关技术标准的理解存在偏差，如将工程拆迁、环保拆迁距离和电力设施保护区混为一谈，将输变电设施当作“大型电磁辐射发射设施”等，以此为由反对工程建设或谋求自身利益；四是认为电网建设项目环境影响报告书（表）中的内容和结论存在问题。这类纠纷往往表现为行政复议或行政诉讼。

（10）监测方案的不完善使得监测结果存在争议

目前，在实际工作中，输变电工程的环保监测主要按《500kV超高压送变电工程电磁辐射环境影响评价技术规范》进行，其中，《500kV超高压送变电工程电磁辐射环境影响评价技术规范》规定，“送电线路的测量是以档距中央导线弧垂最大处线路中心的地面投影点为测试原点，沿垂直于线路方向进行，测点间距为5m，顺序测至边相导线地面投影点外50m处止。分别测量离地1.5m处的电场强度垂直分量、磁场强度垂直分量和水平分量”。

变电站的测量应选择在高压进线处一侧，以围墙为起点，测点间距为5m，依次测至500m处为止。分别测量地表面处和离地1.5m处的电场强度垂直分量、磁场强度垂直分量和水平分量。

如按上述两个标准的监测方案进行，不仅工作量大且很难操作。特别是变电站的监测，在标准中明确需要在高压进线侧进行监测，但在实际工作中发现如不避开进出线，监测的结果受线路产生的电磁影响较大，无法真实反映变电站的电磁影响；如避开进出线进行监测，又受到变电站高电压等级侧进出线较多很难避开，部分变电站高电压等级侧为山区或陡坡等条件制约。同时，由于不同的运行工况输变电工程产生的工频磁场是不相同的，而输变电工程的运行工况全天存在变化，不同时段、不同运行工况监测的数据不尽相同。如上午9：00监测时的负荷较小，下午20：00监测时运行负荷较大。那么实际工作中，监测结果以哪个为主呢？哪个更具有说服力呢？这就使环保监测结果存在争议性，使输变电工程周边的公众对监测数据的准确性进行质疑进而直接影响到环保纠纷的处理。

3.3.2 源于公众的风险

1. 公众对电网工程电磁环境的误解

公众对这些设施潜在风险和现实危害担忧，加上邻避设施本身技术含量高、安全技术指标复杂难懂，又进一步加深了公众的疑虑。说服和教育公众正确理解风险、理性判断风险甚至自由裁量风险，让他们做出合意的风险行为，这本身就是“风险”较高的事情。一旦公众感觉到邻避设施的不同程度的威胁，产生了恐惧情绪，他们对相关信息的选择和认知就容易发生偏差，对邻避设施的风险辨识就容易发生错误。公众对邻避设施的负面印象一旦形成，就会较为持久，这些先入为主的印象可能成为下一步认知与判断的基础。这时，即便是邻避设施的运营机构和主管部门给出了技术安全性承诺，公众也可能会对管理机构的新证据进行筛选：与自己原有观念一致的证据得以采纳，反之则可能视为政府和运营机构的辩解与托词从而表示拒绝。

对输电设施的环保纠纷进行深入分析，最主要的是设备的电磁环境问题导致附近公众的反感和抵制，通常有两种情况。

（1）公众自身缺乏相关的科学知识

部分公众认为，输变电设施会产生“电磁辐射”，对人体健康有多种危害，是“隐形杀手”。这主要是由国内电磁环境健康公共信息长期处于严重失衡状态，对该领域科学知识缺少有力的正面宣传。具体原因为：

①某些学术组织及个别研究人员片面夸大电磁场所谓的“长

期有害影响”，将一些缺乏足够依据的研究个案，利用网站和个别媒体广为传播，引起严重的思想混乱和错误导向，使缺乏该领域知识的公众产生了输变电设施对健康有害的错误概念。我国电力系统的电源工作频率（简称工频）为 50Hz，其波长为6 000km，属于极低频（ELF）（0～300Hz）范围。从电磁场理论可知，只有当一个电磁系统的尺度与其工作波长相当时，该系统才能向空间有效发射电磁能量。输变电设施的尺寸远小于这一波长，构不成有效地发射电磁能量，其周围的工频电场和工频磁场是相互独立的。因此，将输变电设施周围的“电磁环境”认为“电磁辐射”是不科学的，这一“辐射”的术语也会造成人们对电磁环境特性的误解。

②个别国内媒体不顾新闻宣传的科学性和严肃性，对输变电设施电磁环境的报道背离事实。有的片面宣传国际上少数缺乏证据支持和权威机构并不认可的学术观点，或者引用一些缺乏出处与依据的所谓“专家见解”，将输变电设施电磁场与“电磁污染”“电磁辐射”“癌症疾病”等联系起来，而不去反映符合国家环保标准的输变电设施电场、磁场对公众健康无害的基本事实。

③对世界卫生组织等国际权威机构有关电磁场与健康的全面评估结论研究和宣传力度不够。对于电磁场对健康影响的问题，世界卫生组织（WHO）从 1996 年起集合 60 多个成员国开展了“国际电磁场计划”，并于 2007 年全面完成了包括输变电设施电磁场在内的低频电场和磁场健康风险的研究，工作组结论明确指出：在电力线路和用电设备周围存在的是极低频电场和磁场，而不是“电磁辐射”；输变电设施产生的工频电场和磁场，其强度只要低于世界卫生组织推荐的电磁场曝露限值标准（工频电场强度 5kV/m，工频磁感应强度 100pT），就完全能够保证公众的健康。但是，目前国内对国际权威组织有关电磁场健康影响的正式评估文件及成果研究、分析的正面宣传还不到位，特别是网络宣传更为薄弱。

（2）感应电问题加剧恐慌心理

如架空高压输电线路附近，雨天金属伞柄麻手、民房屋顶金属晾衣竿造成暂态电击等，这些现象对公众的生活造成一定不便，使其对高压电心存顾忌，再加上媒体的刻意渲染推波助澜，较易形成环保纠纷。在宣传方面，也存在电网建设运行单位的一线工作人员由于自身对输变电电磁环境问题理解不够准确，对公众解释说明不到位、不清晰引起不满的情况。

2. 公众经济利益诉求分析

很多输变电工程环保纠纷背后的真实原因，是部分公众以环保为借口谋求自身的经济利益。具体有以下几种表现：一是在输变电工程环境影响评价阶段，一些公众因担心输变电设施建在附近会影响景观或引起房产贬值而反对工程建设；二是一部分根据标准不在工程和环保拆迁范围内的公众也提出经济补偿、搬迁房屋或其他无理要求，一旦得不到满足便以环保为借口对工程进行抵制。这些纠纷的实质是为满足公共利益进行的电网建设与部分公众个人利益的矛盾，在这里输变电设施环保纠纷只是部分公众谋求自身利益的结果。

（1）从经济学角度分析邻避效应

经济因素是影响邻避问题的主要属性之一。从经济学角度分析，邻避效应的实质是群众的安全需求与社会的安全供给存在矛盾，即受损的个人利益与受益的公共利益之间存在矛盾，临避设施所带来的利益的分享者是社会绝大多数人，必然通过牺牲少数人的环境权达到社会福利最大化的目的。简单而言，电网工程的负外部性给周边公众带来了成本与收益分配的不均衡，其所覆盖范围内的所有个人的经济效用都会因为公共产品的提供而增加，但电网工程的负外部性效应在空间的集中化带来了不对称的收益成本结构，导致范围内个体经济效用产生了显著的高低差异，使周围的个体认为自己需要为其他多数个体的经济效用增加负责，形成负外部性引发利益冲突的经济基础。

（2）电网工程中经济问题的相关因素

电网工程所引发的经济问题与其影响相关，电网工程的建设对邻近公众的影响不仅有直接产生的影响，还包括一些间接影响。如住宅舒适性降低、房地产价格变动、土地使用性质的改变、影响商业发展等。公众若想主动规避这些负面影响，只有通过空间转移才能达成。出于维护自身直接经济利益的目的，公众一般会反对兴建。综合来说，由电网工程的邻避效应造成的影响包括三类：第一类为经济型，该类是由电网建设导致的环境品质下降而引起的产品贬值，为显性影响。这种产品既代表房产、景观、公共设施等硬件设施的估价下降，同时也代表环境、居住质量等软件品质的档次降低。第二类为心理型，为隐性影响。该类影响是由电网工程所导致的心理环境不适而引起的产品贬值，尽管这些隐性影响并非即刻实现，但这种对未知风险的担忧给住户带来了长期的负面生活体验，极大降低了住宅舒适度。因此，住户对可能影响其住宅舒适度的土地利用特别敏感，电网工程建设若降低住宅的舒适度，则将降低其财产价值。第三类为风险型，该类影响是由电网工程所导致的潜在一次性无法估量的损害所导致的产品贬值，是对未来风险的担忧，而这种风险倘若没有发生，则无任何影响。

可以看出，公众对设施的风险认识是影响邻避效应的重要因素之一。这种认识不仅与设施本身的风险程度有关，还与公众的主观意识有关，因此设施本身的科学防护距离与公众的心里可接受距离并不一致，往往后者比前者大得多，邻避影响在某种程度上确实被心理影响所放大了。

3.3.3　相关科学标准的模糊性带来的风险

1. 电磁辐射概念不清

我们知道，变化的电场会引起一个变化的磁场，同时，变化的磁场亦会引起一个变化的电场。不断变化的电场和磁场，就会形成一个向空间传播的电磁波。按照《电磁辐射环境保护管理办法》（国家环保局 18 号令）规定，电磁辐射是指以电磁波形式通过空间传播的能量流，且限于非电离辐射，包括信息传递中的电磁波发射，工业、科学、医疗应用中的电磁辐射，以及高压送变电中产生的电磁感应等。而从较为专业的角度理解，电磁辐射一般指频率在 100kHz 以上的电磁波，是指变化的电场和变化的磁场相互作用而产生的一种能量流的辐射。国际非离子辐射防护委员会（ICNIRP）于 1998 年发布的《限制时变电场、磁场和电磁场暴露的导则（300GHz 以下）》中不厌其烦地区别运用电场、磁场和电磁场或统一运用 EMF 这一术语，避免笼统采用“电磁辐射”术语，因此，单从学术角度而言，输变电工程产生的工频（50Hz）电、磁场用“电磁感应”较合适。工频是一种极低频率的电磁场，能量小、空间传输能力差，加上周围建筑屏蔽的作用，电磁波成倍衰减，其电磁环境影响基本可以忽略不计。因此，从理论上讲，输变电工程产生的工频电、磁场比射频电磁辐射产生的影响较小。概念上用电磁辐射一个笼统的说法，同时标准中又为推荐的限值，往往给输变电工程周边的公众带来了困扰，造成了一定的环保纠纷。

2. 相关科学研究得出的结论不甚明确

根据世界卫生组织进行的全面评估，现有证据表明，除了由躯体表面电荷产生的刺激外，曝露到高达 20kV/m 的电场对人体几乎没有什么影响，并且是无害的。即使在电场强度高达 100kV/m 以上时，也未观察到电场对动物的生殖与发育有任何影响。同时，在家庭或日常环境中所遇到的磁场水平下，没有证据表明低频磁场会影响人体的生理与行为。因此，现在研究结论不足以证实高压输变电工程的电磁场存在“有害健康影响”。而普通大众对于研究与证据方面是抱着“疑害从有”的观点。

3. 涉及输变电电磁环境的部分现行法规和技术标准中存在矛盾和混乱

对于输变电工程，目前各种不同电压等级相应的工频电、磁场标准均采用 HJ/T 24—1998《500kV 超高压送变电工程电磁辐射环境影响评价技术规范》推荐的限值：“目前尚无关于工频电场、磁场强度限值的国家标准，推荐暂以 4kV/m 作为居民区工频电场评价标准，推荐应用国际辐射保护协会关于对公众全天辐射时的工频限值 0.1mT 作为磁感应强度的评价标准。”往往在实际工作中，很多变电站或线路附近公众以及电力系统人员对此标准都存在一定的疑问，很多人不理解为什么不同的电压等级，工频电、磁场标准却相同，同时对标准中“推荐”的定义也存在许多困惑。再有就是标准中明确提出了“电磁辐射”的概念，往往在很多实际的现场调查工作中，变电站以及线路附近的公众总会认为变电站或线路像放射源一样，时时刻刻在影响其健康。

3.3.4 源于国家法律法规变化带来的风险

1. 工程变更

工程变更一般主要有以下几个方面的原因。

①业主新的变更指令，对建筑的新要求。如业主有新的意图，业主修改项目计划、削减项目预算等。

②由于设计人员、监理方人员、承包商事先没有很好地理解业主的意图，或设计的错误，导致图纸修改。

③工程环境的变化，预定的工程条件不准确，要求实施方案或实施计划变更。

④由于产生新技术和知识，有必要改变原设计、原实施方案或实施计划，或由于业主指令及业主责任的原因造成承包商施工方案的改变。

⑤政府部门对工程有新的要求，如国家计划变化、环境保护要求、城市规划变动等。

⑥由于合同实施出现问题，必须调整合同目标或修改合同条款。

而电网工程项目的变更易引起新的纠纷。例如某电网输变电工程项目原定从甲村民家附近通过，甲村民获得补偿。而由于工程变更，该线路也得从乙村民家附近通过，这时乙村民也要求获得补偿。而对于补偿款，甲、乙双方则容易互相比较，互相怀疑，最终向电力公司要求更多的补偿款，最终容易演变成恶性纠纷。

2. 国家法律法规变化易导致工程变更，加大纠纷风险

2014年以来，国家以及生态环境部先后出台了新的《中华人民共和国环境保护法》《环境影响评价技术导则　输变电工程》（HJ 24—2014）《建设项目竣工环境保护验收技术规范　输变电工程》（HJ705—2014）等系列法规和标准，加强依法行政的刚性管理，强调“法定责任必须为，法无授权不可为”，对环境违法行为提出了更为严厉的处罚要求，包括采取责令停工、停产、拆除、按日累计罚款、拘留等强制措施。国务院办公厅还印发了《关于加强环境监管执法的通知》（国办发〔2014〕56号），对工程手续不到位、“三同时”（防治污染设施与主体工程同时设计、同时施工、同时投产使用）制度执行情况等问题组织开展环境执法大检查。

如果电力公司各单位没有全面清理环保设施或者措施落实不到位而擅自投产或运行项目，将受到政府部门的严厉处罚。而电力公司需要完成相关清理整改任务，这使得电网工程项目极易受到法律法规变化影响而变更，从而增大电力公司与公众产生纠纷的风险。

3. 国家环保新态势

（1）新环保法下电网环保业务

十二届全国人大常委会第八次会议于2014年4月24日表决通过了被称为“史上最严”的新《中华人民共和国环境保护法》，于2015年1月1日起施行。新环保法实施后，迫切要求电力企业的守法意识进一步提高，环保管理和技术改造的力度进一步加大。输变电工程应履行环保设施与主体工程同时设计、同时施工、同时投产使用的“三同时”制度，经验收合格后，方可投入正式运行。

（2）新环评法正式实施

2016年9月1日起，国家新《环境影响评价法》正式实施，其中主要有三点变化与电网公司密切相关。

①强化工程项目重大变动管理。新《环境影响评价法》第二十四条规定：建设项目的环境影响评价文件经批准后，建设项目的性质、规模、地点、采用的生产工艺或者防治污染、防止生态破坏的措施发生重大变动的，建设单位应当重新报批建设项目的环境影响评价文件。

②明确将环评批复作为工程开工条件。新《环境影响评价法》第二十五条规定：建设项目的环境影响评价文件未依法经审批部门审查或者审查后未予批准的，建设单位不得开工建设。

③加大环保违法处罚力度。新《环境影响评价法》第三十一条规定：建设单位未依法报批建设项目环境影响报告书、报告表，或者未依照本法第二十四条的规定重新报批或者报请重新审核环境影响报告书、报告表，擅自开工建设的，由县级以上环境保护行政主管部门责令停止建设，根据违法情节和危害后果，处建设项目总投资额百分之一以上百分之五以下的罚款，并可以责令恢复原状；

对建设单位直接负责的主管人员和其他直接责任人员，依法给予行政处分。

（3）新环评导则下电网环保业务

生态环境部于 2014 年 10 月 20 日正式发布了《环境影响评价技术导则　输变电工程》（HJ 24—2014）（以下简称“新导则”）。新导则进一步规范了输变电工程环境影响评价工作。新旧导则的区别如图 3.10 所示。

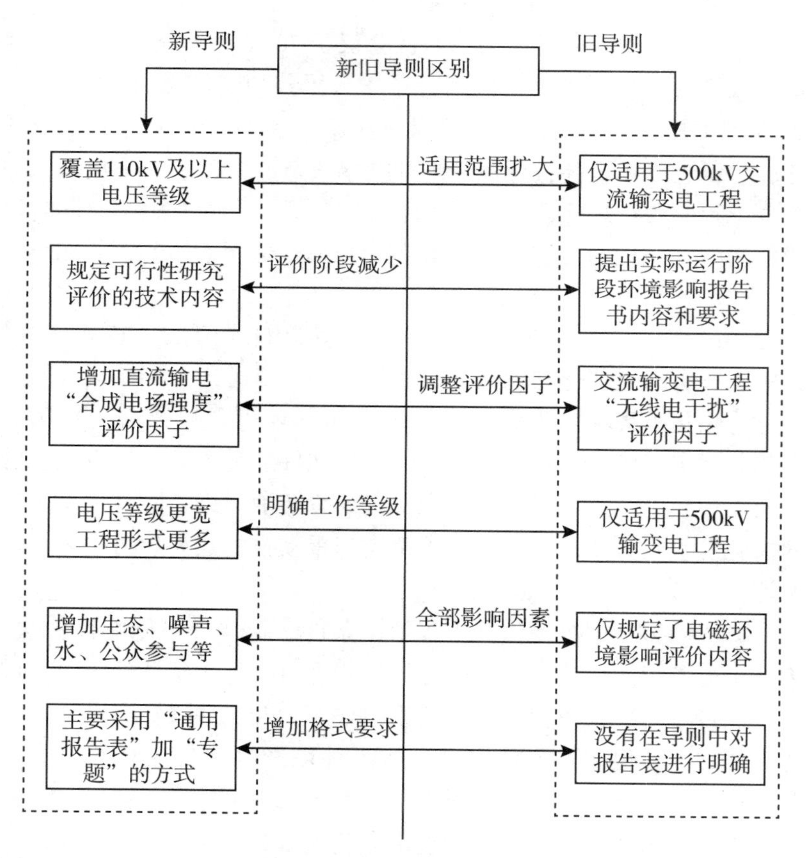

图 3.10　新旧导则的区别

第4章 电网工程邻避效应风险评估

4.1 电网工程全生命周期利益相关方研究

4.1.1 电网工程利益相关方辨析

电网工程利益相关方是指“能够以接受、促进、反对、阻碍等方式影响电网设施管理的目标、体系和过程的机构、组织、群体或个人”。确定电网工程利益相关方主要考虑两个方面。其一，其行为是否在客观上对电网工程项目的选址、建设、运营产生影响；其二，是否对电力设施具有某种利益要求。凡是符合上述其中一种情况的个人或群体，便是电网工程项目的利益相关方。

根据上述原则，电网工程利益相关方包括：电力设施服务范围内的地方政府与公众；电力设施所在地区及其各类影响所能涉及范围内的地方政府与公众；电网设施选址、建设与运营过程中涉及的政府部门；电网公司；媒体；研究机构等。如图4.1所示。

4.1.2 主要利益相关方分析

1. 政府

在电网工程管理中，主要涉及两类政府：一类是电力设施所在地政府；另一类是电力设施服务地区政府。

(1) 电力设施所在地政府

电力设施所在地不仅为电力设施提供所需的土地资源、配套的交通运输条件等，同时，该地区也是受电力设施建设和运营影响最大的地区。主要表现在：电力设施周围土地价格将受到一定影响，

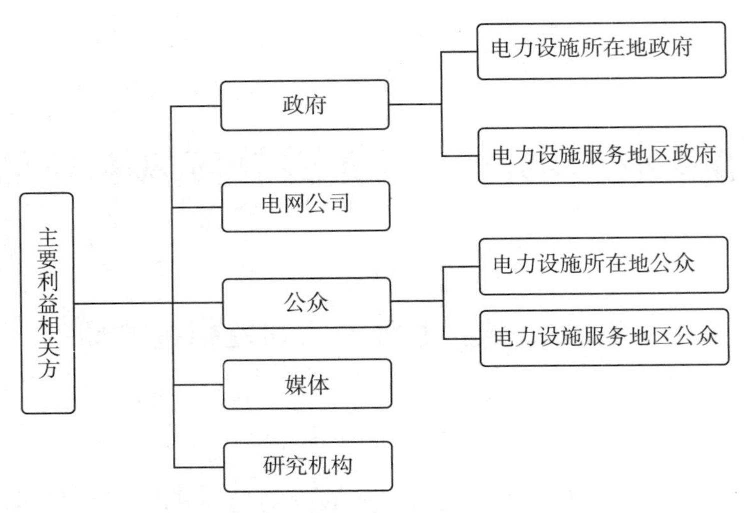

图4.1 电力设施主要利益相关方

可能影响当地政府土地出售的收入；居住在设施选址周围的公众，可能采取对该选址方案表达反对意见的各类行为，例如武汉元宝山群众采取围堵省环保厅等行为反对在其居住小区附近新建电力设施，此类群体性行为如果处理不得当，将可能影响地区社会稳定，给地方政府造成较大的管理压力；在电力设施运营过程中，通往该设施的道路上将有大量的运输车通行，对环境、交通还会有一定影响。当地政府还必须配合加强电力设施环境风险应急管理能力。由此可以看出，电力设施所在地受到该设施建设和运营的影响是最大的。

电力设施建设与运营同所在地政府的社会经济发展目标之间存在一定的矛盾与冲突。地方政府同时追求以下目标：地方财政收入增长、地方经济发展和为当地人民群众提供优质公共服务。电力设施的建设虽然满足了地方政府提供便利用电的公共服务的目标，但是作为众多公共服务的一种，该项目标往往让位于区域经济发展目标。同时，所在地政府的区域管理行为对电力设施的管理影响非常大，例如，所在地政府交通系统的规划直接关系到电力设施能否顺利运行。

鉴于电力设施所在地政府在电网工程管理中的重要影响力，应考虑将其引入电网项目的管理群体中来。一方面，有利于反映所在地群众对设施规划、建设与管理的态度与意见，执行各类补偿设施周围公众损失的措施，协调各种利益关系，促进设施的顺利建设与运行；另一方面，协调区域社会经济发展，协助建设设施的配套设施，例如相关的土地利用规划等。

(2) 电力设施服务地区政府

电力设施服务地区公众和政府是该设施建设与运营的最终受益方。电网设施解决该地区用电需求问题，避免出现负荷过大、停电等现象。电力设施的布局特别是与其服务地区的距离，直接影响设施运营成本。可见，电力设施的合理选址、顺利运行是服务地区用电正常的重要保障。正因为如此，电力设施服务地区政府对于电网工程建设、运营具有强烈的利益要求与参与管理的意愿。

目前，部分电网设施的选址并不一定在其服务地区政府管辖范围内。当该设施在此服务地区政府管辖范围内时，服务地区政府与所在地政府为同一主体，此时电网设施的规划、建设与运行在政府内部中不存在权责分配的不均衡。但是，当该设施在此服务地区政府管辖范围之外时，服务地区政府与所在地政府为不同主体，此时电力设施的规划、建设与运行在政府内部中存在权责分配的不均衡；同时，服务地区政府的保护激励缺乏表达的途径，这也在一定程度上削弱了电力设施服务地区政府在该设施管理决策中的影响力。

作为对电网设施利益要求最强烈的利益相关方，如何将其保护动力化为实际的管理力量，将是电力设施管理机制探索中需要解决的重要课题。解决这一问题，可以考虑由电力设施服务地区的政府直接承担该设施的管理工作，或者建立电力设施外部成本的受益者承担机制。

2. 电网公司

目前，由电网公司承担电力设施的管理职责，因此，电网公司内部各个部门之间分工合作是否合理、协调机制是否完善，对于电力设施的管理机制具有决定性影响。电网公司相关部门单位如图 4. 2 所示。

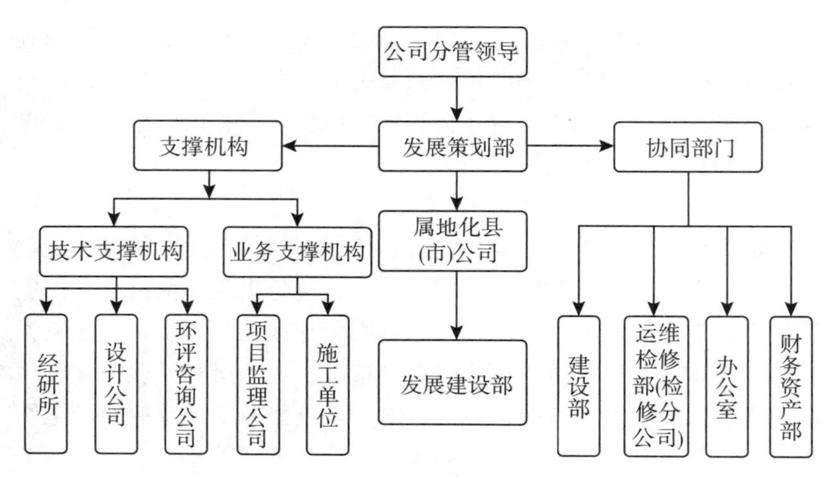

图 4. 2　电网公司相关部门单位

①发展策划部是该工作的归口管理部门，统筹安排电网项目选址、设施的布局、用地和规模，还负责环评复核、重大变更确认、变更环评及补办手续等的牵头、组织、协调，同时负责沟通省级电力公司、地方环保审批部门、设计公司、环评咨询单位、监理单位、施工单位、属地化县（市）公司。

②协同部门根据部门职责负责与本部门相关的工作。建设部负责项目初步设计、施工设计及建设过程中发生变更时，向环保管理部门报告并协同采取措施；运维检修部负责在项目初步设计、施工设计阶段及设备招标时提出环保相关要求；办公室负责工程资料归档、变更环评合同流程审批；财务资产部负责配合变更环评咨询费用支付、协调。

③技术支撑机构负责技术支撑相关工作。环评咨询公司负责项目环评复核、重大变更确认、变更环评及补办手续等工作；经研所负责在项目初步设计、施工设计预审、审查中提出有关环境保护措施；设计公司负责落实项目环境保护各阶段的设计要求。

④业务支撑机构负责业务支撑相关工作。施工单位负责项目施工过程中有关环境保护措施的落实，施工中项目发生变更及时报告项目管理部门、环保归口管理部门；项目监理公司负责监督项目施工是否按照政府部门环评批复以及环评报告的要求落实与督促整改工作。

⑤属地化县（市）公司负责项目环境保护属地化工作，负责取得有关支持性文件及环评咨询单位变更环评现场踏勘、监测的配合。

3. 公众

（1）电力设施所在地公众

电力设施所在地公众直接受该设施建设与运行影响，并承担部分电力设施建设与运行的外部性成本。例如，由于电力设施建设后对周围房地产价格的影响，导致周围地区公众的房地产价值受到不同程度的影响，造成一定的经济损失；电力设施运行排放一定的污染物，并存在一定的发生突然性环境污染事故的风险，对周围公众的身体健康存在一定的风险；电力设施建设期间的噪声、大气污染等可能直接影响周围公众的工作与生活；设施运行期间，物料运输可能增加周围区域的交通压力和噪声等。可见，在电力设施建设和运行的全过程，位于该设施所在地周围的公众均受到一定的健康与非健康影响，不对称地承担电力设施的外部性成本。

电力设施的建设运营与所在地公众发展经济、提高生活水平的愿望之间存在矛盾。要求所在地公众承担电力设施建设与运行的外部成本是不公平且不可行的。电力设施所在地公众一般对在其居住地周围建设电力设施存在较大的抵触情绪，因此亟待建立相关机制，在所在地人民高质量生活环境要求与电力设施建设需求之间取得平衡。

（2）电力设施服务地区公众

电力设施服务地区公众是电力设施的终端受益者。由于电力设施承担了日常供电的功能，这一利益相关方对于电力设施的管理具有强烈的利益要求。但是，由于服务地区公众并未与电力设施直接联系，而是享受直接提供的服务。他们通过电费的按时、按量缴纳表达对电力设施安全、妥善处理处置的要求，进而促使电网公司管理体系的改善与工作效率的提高。而且由于目前此部分利益相关方对电力设施的信息获得比较困难，削弱了其自觉参与电力设施管理的主动性与积极性。

4. 媒体

在武汉元宝山等邻避效应群体性事件中，媒体对事件的报道可能在某种程度上影响事件的发展。研究者们开始关注媒体在电网工程邻避效应群体性事件发展中的作用。从我国电网工程群体性事件发展过程中可以看出，从某种程度上说，官方科学所认可的“风险”和被公众所感知的“风险”之间的区别受到媒体对风险传达方式的影响。媒体对于电网工程的关注可以说是短期性的、间歇性的。其主要作用有：

①对电力设施规划、建设、突发性事故等事件进行报道，进行舆论监督；

②宣传相关科学知识，提高公众等利益相关方对电网工程重要性的认识；

③媒体还可以成为公众参与电力设施决策的途径，通过举报热线的开设等促进公众参与到电力设施决策中。

5. 研究机构

研究机构与电网公司合作，通过提供电网工程建设方案而获得相关的经济利益。在研究机构中，研究人员应该识别到潜在的或显著的利益冲突，认识到公众责任与个人利益的关系，避免公众利益与个人经济利益发生冲突。电网工程建设方案的确定必须充分考虑到对公众可能带来的影响以及公众的意愿，综合各个方面，尽量达到利益的最大化。

4.1.3　主要利益相关方分析结果

1. 各利益相关方的责任、利益与损失

从以上对电力设施管理中各利益相关方的分析，可简要归纳出各利益相关方在其中的责任、利益与损失。如表 4.1 所示。

表 4.1 **主要利益相关方责任、利益与损失**

利益相关方		编号	责任	利益	损失
政府	所在地政府	1	反映当地公众态度和意见；当地经济发展	承担设施运行外部成本	经济发展可能受到限制
	服务地区政府	2	对电力设施进行投资	享受电网供电服务	供电得不到保障
公众	所在地公众	3	—	可能面临环境风险与经济损失	用电供应不足，丧失某些发展机会
	服务地区公众	4	节约用电	享受供电服务	用电供应不足
电网公司		5	管理电力设施选址、建设、运营，完善机制，控制设施环境风险	获得一定的财政拨款	项目停滞，经济损失
媒体		6	提高公众对电网工程的认识，促进设施环境保护	提高自身形象，实现社会责任	无
研究机构		7	改善电网项目管理水平	科研经费增加；本单位得到发展	无

电力设施作为一类关系到公众日常生活的公共物品，由电网公司提供的安排是符合公共物品供给原则的。但是，在现有的电力设施处理制度安排中，并未充分发挥其他利益相关方的资源，导致电力设施的选址、建设与运行过程的利益相关方冲突进一步激化，甚至演变为局部群体性事件。凡是对电力设施存在强烈利益要求的利益相关方，其参与管理的意愿也相对加强，在考虑其拥有资源的情

况下，可创造条件，将部分利益相关方引入电力设施选址、建设与运行全过程决策中。更重要的是，要建立电力设施长效管理机制，采取以生态补偿为核心的措施，协调各利益相关方的利益冲突，确保我国电网工程项目建设的顺利开展。

2. 各利益相关方的权力和利益

在电力设施管理中应该首先引入哪些利益相关方参与管理，可通过各个利益相关方在权力和利益矩阵中的位置确定，如图 4.3 所示。

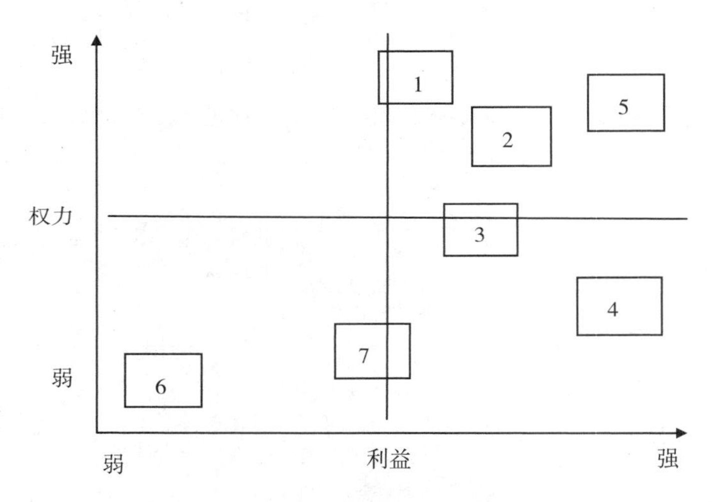

（注：图中各利益相关方的权力、利益坐标表征大小顺序，而非绝对值）

1——项目所在地政府　2——服务地区政府　3——项目所在地公众

4——服务地区公众　5——电网公司　6——媒体　7——研究机构

图 4.3　电力设施各利益相关方的权力和利益矩阵

位于权力和利益矩阵右上方的利益相关方主要有：电网公司、项目所在地政府、服务地区政府、项目所在地公众。上述利益相关方对于电网工程有较强的利益要求，有较强的参与设施管理的意愿，同时，其参与设施管理的能力也较强。这类利益相关方，应该尽可能包括在电网工程的管理者群体中，以创造其表达自身利益要求和影响力的渠道。

位于权力和利益矩阵右下角的利益相关方主要有电力设施服务地区公众。这个利益相关方对电力设施具有较强烈的利益要求。事实上，这个利益相关方之所以目前影响力较小，主要是缺乏表达的渠道，一旦这种渠道建立，特别是电力设施服务地区公众的保护欲望将化为强大的设施管理力量。

位于权力和利益矩阵左下角的利益相关方主要有研究机构和媒体。研究机构能够为电网工程管理提供科学指导。媒体无论在利益要求还是在影响力上，均比较弱。但是，却又有特殊的作用，在促进公众参与方面具有优越的表现。正是由于其特殊的作用，它也成为电力设施管理框架中必不可少的构成。

4.2 电网工程邻避效应风险模型的建立

4.2.1 数学模型法

数学模型法是一种重要的研究方法。数学模型就是根据研究目的，对所研究的过程和现象的主要特征、主要关系，采用形式化的数学语言，用符号、函数关系将评价目标和内容系统规定下来，并把互相间的变化关系通过数学公式表达出来。常用的数学模型方法有层次分析法、神经网络法、线性规划模型、差值与拟合法、回归分析法等。本书主要应用层次分析法，所以对层次分析法作主要介绍。

层次分析法（Analytic Hierarchy Process，AHP）是将与决策有关的元素分解成目标、准则、方案等层次，并在此基础之上进行定性和定量分析的决策方法。该方法是美国运筹学家萨蒂于 20 世纪 70 年代初在研究“根据各个工业部门对国家福利的贡献大小而进行电力分配”课题时，应用网络系统理论和多目标综合评价方法，提出的一种层次权重决策分析方法，强调复杂内部问题的相互作用，并用来在一系列行动中激发思想，评价这些行动的效果。

在运用 AHP 分析某一事件时，需要执行者拥有清晰的逻辑。在通过清晰的逻辑分析来解决问题的过程中，有三个基本原则是相当重要的：构造阶梯层次原则、设置权重原则、符合逻辑一致性原则。这些分析思维的自然原则贯穿整个 AHP。

（1）构造阶梯层次

分析思维的第一个准则就是构造阶梯层次。人类有能力去感知和验证事物与思想，并同它们所观察到的一切去比对与交流。为了更加详细地认知事物，我们的头脑将复杂的现实分解为每个组成部分，这些组成部分又依次得到分解，如此继续下去，便构成了层次。这些层次可达到 5~9 层。

（2）设置权重

分析思维的第二个准则就是设置权重。人类也有能力去感知他们所观察到的事物之间的关系，按照某些准则去比较那些类似的事物。通过判别其中一个超越另外一个的偏好程度来比较一对元素中的两个成员。然后，通过一个创造性的综合过程，得到对所有元素重要程度的测量，也即对整个系统最佳的理解。

（3）逻辑一致性

分析思维的第三个准则就是逻辑一致性。人类有能力在各种目标和思想之间建立有效的联系。这些联系应是一致的。一致性意味着以下两点：

第一，类似的思想或目标应按照其同性或关联组合在一起。例如，把圆形而不是味道作为相关准则的话，那么一颗黄豆和一个弹子球就可以组合成一个具有相同性质的集合。

第二，建立在某个特定准则基础上的思想或目标之间的关系强度可以得到相互验证。例如，把甜度作为一个准则，而经过判断得知蜜比糖甜五倍，而糖又比糖浆甜两倍，那么蜜则应甜于糖浆十倍。如果此时蜜被判断仅甜于糖浆四倍，那么这个判断就是不一致的。

该方法虽然具有定量数据较少、定性成分多，指标过多时，数据统计量大，难以确定权重，不能为决策提供新方案等一系列劣势，但是随着时间的流逝，人类的头脑会学会利用各种经验并将其组合起来形成一种思考方式。届时，这种方法将使人类得到一种新的实用方法、技术和载体，并成为分析各类复杂问题的有力工具。

国网襄阳供电公司运用层次分析法，通过梳理变更环评工作节点，建立电网项目变更环评流程化管理机制，从项目初步设计开始，规范了由项目代建、业主、设计、环评、监理等多单位人员共同参与的项目变更环评工作流程，明确项目变更环评管理中的“职、责、权”，核实项目初步设计、施工设计与环评阶段工程规模、站址、路径及环保措施变动情况，形成了完善的管理链条，有效规避了电网建设项目存在“未批先建”的潜在法律风险，确保项目依法合规并顺利通过了政府有关部门的环保验收。

层次分析法要求执行者根据实际情况，抓住每一个细节，确定每一步的目标，仔细思考实施方法、实施准则和应注意的细节，抓住同一事件在不同时间、不同层次下的主要矛盾，实现利益的最大化。

4.2.2 邻避指数概念与核算方法

邻避指数表征电网工程邻避效应的大小，表征发生纠纷、群体性事件的风险大小。电网工程邻避指数为所有邻避因子的分值的平均值。

某一项邻避因子的邻避指数 P_i 核算方法如下：

$$P_i = \sum_{j=1}^{n} W_{ij} \frac{u_{ij}}{\sum_{j=1}^{n} u_{ij}} \tag{4.1}$$

式中：u_{ij}——邻避因子 i 的第 j 项答案的频数；

W_{ij}——邻避因子 i 的第 j 项的评分赋值。

总邻避指数 P 核算方法如下：

$$P = \frac{1}{m} \sum_{i=1}^{m} P_i \tag{4.2}$$

式中：P——邻避因子个数。

4.2.3 邻避因子矩阵的构建

根据对电网工程风险源的分析，提取了包括 A 公众抗风险能力、B 公众认知、C 补偿度、D 电网工程的影响、E 电网工程的位置、F 电力公司受信任度、G 政府公信力、H 宣传与沟通八大邻避效应因子。

邻避效应因子分别包括 A1 年收入水平、A2 是否有孩子、A3 居住迁移性、A4 受教育程度；B1 对风险因素的了解程度、B2 对生活影响的预期、B3 对设施信息的获取、B4 对正确科学概念认识程度；C1 补偿意愿、C2 支付意愿；D1 噪声影响程度、D2 无线电干扰程度、D3 感应电大小、D4 环境污染程度、D5 工频磁场强度；E1 选址人口疏密、E2 工程跨度范围、E3 选址离城区中心距离；F1 对电力公司信任度；G1 对政府信任度；H1 媒体导向、H2 公众参与度、H3 信息公开度。

4.2.4　邻避因子评分赋值

邻避因子评分赋值如表 4.2 所示。

表 4.2　**邻避因子评分赋值**

<table>
<tr><th colspan="2" rowspan="2">邻避因子</th><th colspan="5">邻避因子分值</th></tr>
<tr><th>5</th><th>4</th><th>3</th><th>2</th><th>1</th></tr>
<tr><td rowspan="4">A 公众抗风险能力</td><td>A1 年收入水平</td><td>低于 1 万</td><td>1 万~2 万</td><td>2 万~5 万</td><td>5 万~8 万</td><td>高于 8 万</td></tr>
<tr><td>A2 是否有孩子</td><td>有</td><td></td><td></td><td></td><td>无</td></tr>
<tr><td>A3 居住迁移性</td><td>拥有产权</td><td></td><td>租住</td><td>短期居住</td><td></td></tr>
<tr><td>A4 受教育程度</td><td>大学以上</td><td>高中</td><td>初中</td><td>小学</td><td>文盲</td></tr>
<tr><td rowspan="4">B 公众认知</td><td>B1 对风险因素的了解程度</td><td>非常清楚</td><td>清楚</td><td></td><td>不了解，想关心</td><td>不了解，也不关心</td></tr>
<tr><td>B2 对生活影响的预期</td><td>非常大</td><td>较大影响</td><td>有影响</td><td>影响较小</td><td>没影响</td></tr>
<tr><td>B3 对设施信息的获取</td><td>已有所了解</td><td>想了解，但缺乏途径</td><td></td><td>随意</td><td>没必要了解</td></tr>
<tr><td>B4 对正确科学概念认识程度</td><td>误解很深</td><td>有一些误解</td><td>无误解也不怎么了解相关科学概念</td><td>大部分认识正确</td><td>对相关科学概念认识很清楚</td></tr>
</table>

续表

邻避因子		邻避因子分值				
		5	4	3	2	1
C 补偿度	C1 补偿意愿	不愿意		视金额而定		愿意
	C2 支付意愿	愿意				不愿意
D 电网工程的影响	D1 噪声影响程度	很大	较大	大	适中	小
	D2 无线电干扰程度	很大	较大	大	适中	小
	D3 感应电大小	很大	较大	大	适中	小
	D4 环境污染程度	很严重	较严重	严重	适中	轻
	D5 工频磁场强度	很强	较强	强	适中	弱
E 电网工程的位置	E1 选址人口疏密	很密集	较密集	密集	适中	稀少
	E2 工程跨度范围	很大	较大	大	适中	小
	E3 选址离城区中心距离	很近	较近	近	适中	远
F 电力公司受信任度	F1 对电力公司信任度	不信任	不是很信任		一般信任	信任
G 政府公信力	G1 对政府信任度	不信任	不是很信任		一般信任	信任
H 宣传与沟通	H1 媒体导向	反面错误宣传	消极	中性	积极	正面宣传
	H2 公众参与度	很高	较高	高	不高	几乎没有
	H3 信息公开度	很高	较高	高	不高	几乎没有

4.2.5　邻避指数核算

采用Excel统计表格，对三个电网工程项目的邻避指数进行核算。

根据式（4.1）和式（4.2），核算三个电网工程项目的邻避指数，结果如图4.4和表4.3所示。从图4.4来看，总体来说，项目邻避因子按照从大至小分别为F1、A1、H3、H2、G1、H1、E1、A2、A4、D5、B2、B1、A3、D1、B4、E3、C1、D4、E2、B3、C2、D2、D3。可见，F1对电力公司信任度、A1年收入水平、H3信息公开度、H2公众参与度是公众认知中电网工程的主要邻避因子。在开展邻避效应减缓措施时，应重点关注以上邻避因子。邻避因子雷达图如图4.5所示。

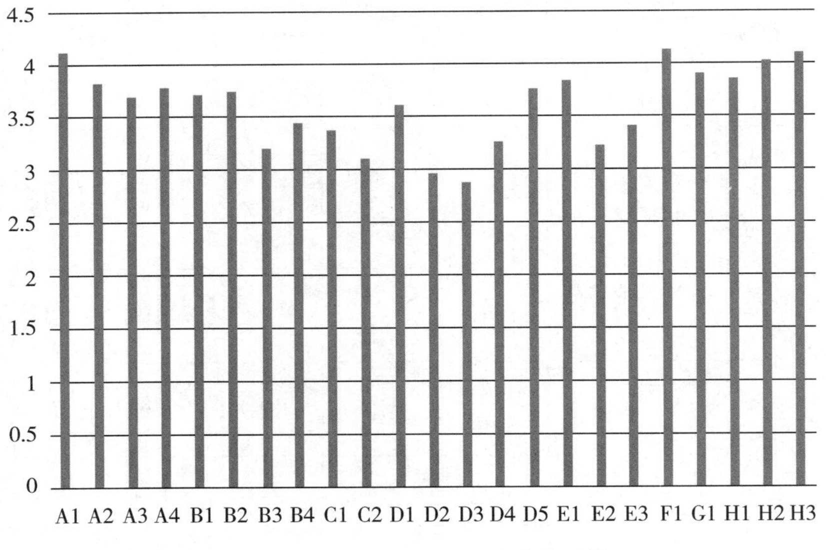

图4.4　三个电网工程项目的邻避指数

表 4.3　　三个电网工程项目的邻避指数

邻避因子	武汉××变电站	黄冈××输变电工程	荆州××变电站	平均值
A1	4.47	4.06	3.89	4.14
A2	4.16	3.77	3.62	3.85
A3	4.02	3.65	3.50	3.72
A4	4.11	3.73	3.58	3.81
B1	4.04	3.67	3.52	3.74
B2	4.06	3.68	3.53	3.76
B3	3.48	3.16	3.03	3.22
B4	3.74	3.39	3.25	3.46
C1	3.65	3.31	3.18	3.38
C2	3.37	3.06	2.93	3.12
D1	3.91	3.55	3.40	3.62
D2	3.22	2.92	2.80	2.98
D3	3.12	2.83	2.72	2.89
D4	3.54	3.21	3.08	3.28
D5	4.08	3.70	3.55	3.78
E1	4.17	3.78	3.63	3.86
E2	3.49	3.17	3.04	3.23
E3	3.69	3.35	3.21	3.42
F1	4.49	4.08	3.91	4.16
G1	4.23	3.84	3.68	3.92
H1	4.19	3.80	3.65	3.88
H2	4.36	3.96	3.80	4.04
H3	4.45	4.04	3.87	4.12
邻避指数	3.99	3.62	3.48	3.70

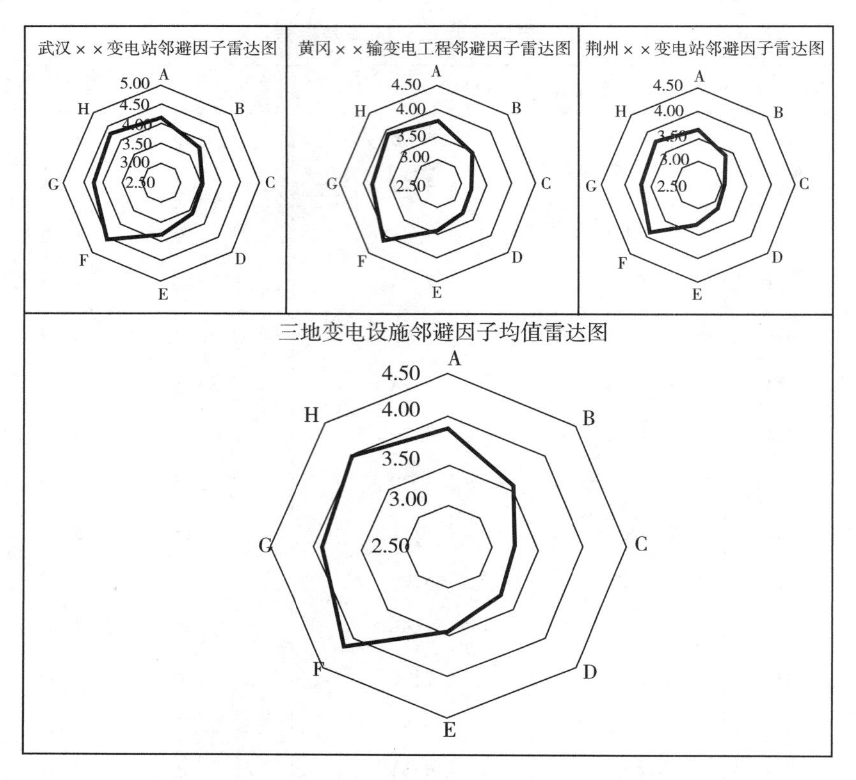

图 4.5　邻避因子雷达图

4.3　电网工程邻避效应风险评估

构建邻避因子矩阵，并基于样本调查和专家咨询赋值，可以定量计算邻避指数，这也为电网工程邻避效应风险的评估提供了定量或半定量评价的方法途径。通过开展邻避效应的风险评估，能够在项目开展前期选址选线以及建设过程中，识别出主要的邻避风险因素来源，并采取相应的风险防范和化解措施。

4.3.1　半定量评估

(1) 评估指标

在构建邻避因子矩阵时，选取了 8 个类别共 23 个邻避因子。

各邻避因子的赋值为［0，5］，通过邻避指数的调查和赋值计算，可以绘制电网项目邻避因子雷达图；在定性评价时，可以将雷达图的边长及面积作为特征向量，通过特征向量的计算来进行半定量评估；同时也可以通过雷达图直观地反映所需评价的电网工程其邻避效应的关键来源。

（2）评估标准

半定量评估的结果主要体现电网工程邻避效应风险的主要影响因素及其影响程度，8个类别、23个邻避因子的计算结果还存在聚类问题，因此也需要对邻避因子的调查结果采用离差平方的聚类分析方法，将电网工程的邻避类型进一步划分。例如，从邻避效应作用的主客体来细分，可以结合邻避因子矩阵的雷达图来评估电网工程的邻避效应，是属于电网工程行为主导邻避型，还是政府行为主导邻避型，或者是公众认知主导邻避型。

4.3.2 定量评估

（1）评估指标

定量评价与半定量评价的区别，在于综合邻避指数的计算。定量评价的评估指标为雷达图的周长和面积。在获取这两组关键信息（周长、面积）后，可以由这两组数据组成一个二维向量，则可取两组特征向量值的几何平均值，作为综合邻避指数的计算结果。

（2）评估标准

评估标准的设定需要有大量的样本变电站计算结果作为支撑，例如，可以根据特征向量的正态分布结果，将项目邻避效应的风险划分为若干等级。一般可以将各因子按赋值为3分以下、频次为60%的矩阵计算结果作为低风险等级，赋值为4分以上、频次为60%的矩阵计算结果作为中风险等级，赋值为4分以上、频次为80%的矩阵作为高风险等级。结果如表4.4所示（n为分值）。

表4.4　**风险等级评估表**

低风险等级	$0 \leqslant n < 3.4$
中风险等级	$3.4 \leqslant n < 4.0$
高风险等级	$4.0 \leqslant n \leqslant 5.0$

邻避效应风险评估的结果运用关键在于对项目决策实施的反馈。在实际邻避效应风险评估过程中，对于计算为中风险等级及以上的电网项目，应针对关键的邻避因子，提出风险防范和化解措施，并明确措施的责任主体和配合单位；再对采取措施后的风险重新进行评估，确认为低风险等级后，方可推动项目继续实施。

第5章　电网工程邻避效应沟通共建机制研究

5.1　电网工程邻避效应沟通共建

5.1.1　沟通共建的含义

输变电工程竣工环保调查验收需要秉持“程序合法、检测达标、环境友好、公众接受”的总体原则。其中，“程序合法”和“检测达标”有硬性法律标准，对于“环境友好”和“公众接受”，在电网工程建设过程中也应该尽量达到最大限度。要提高公众的接受度，就要使公众充分参与到电网工程建设的各个过程中来，做好沟通共建工作。

所谓“沟通共建”，主要就是协调各方，共同建设。电网工程建设涉及研究机构、电力公司、政府部门、公众和媒体各方，做好各方面的沟通，确保各方在电网工程建设中共同发挥作用，对于电网的建设和社会的和谐发展具有重要作用。电力公司和政府部门要首先做到信息公开透明，确保媒体和公众得到清楚明了的信息；然后要和媒体各方做好沟通，避免媒体大肆宣扬错误观念从而影响到公众的判断；最后，电力公司、政府部门和媒体要共同发挥作用，营造人性化的办事环境，始终为民排忧，心系百姓，消除公众的忧虑和误解。

总之，各方进行协调沟通的最终目标就是减轻公众在生产、生活用电中的后顾之忧，为地方经济社会发展作出应有的贡献。所以说，做好与公众的沟通，搜集并听取公众意见，实现公众参与，是电网建设中必须要实现并且必须不断改进的地方。

5.1.2　沟通共建的目的

沟通共建的目的在于：

①维护公众参与建设区域公共决策的合法环境权益，在项目建设过程中体现以人为本的原则；

②更全面了解工程建设背景信息与需求，提高项目建设决策的科学性、合理性与公平性；

③通过公众参与，提高公众对项目管理的认识与参与度，鼓励社会资源参与工程建设；

④鼓励公众参与工程建设决策，对设施运营管理进行监督，建立电网工程建设社会监督机制。

5.1.3　沟通共建的原则

电网建设项目公众参与应遵循全过程原则、全面原则、知情原则、公开原则、平等原则、便利原则 6 项基本原则。具体公众参与原则如表 5.1 所示。

表 5.1　**公众参与原则**

全过程原则	公众的参与从电网工程规划建设开始，到建设选址、建设施工、运营，一直到服务退役为止，全程贯穿
全面原则	电网工程的相关利益方都参与其中，包括在工程选址、建设、运营期间受到影响的公众、建设单位、政府部门
知情原则	在对公众意见进行调查前，应对相关信息进行充分的公开，确保公众得到必要的信息，避免信息不对称，提高公众参与的有效性
公开原则	在公众参与的全过程中，应保证项目规划、选址、建设与运营相关信息及时、全面地向公众公开

续表

平等原则	在公众参与的全过程中，所有项目利益相关方在决策过程中具有平等地表达自身意见和获得相关信息的权力。各利益相关方之间的平等关系是建立相互信任的基础，平等交流有利于促进充分理解，避免主观和片面
便利原则	在选择公开信息的方式和沟通的渠道上应有所考虑，尊重公众的意愿和需求，选择公众能接受且成本低的方式

5.1.4 沟通共建的范围

沟通共建的范围具体包括：

①电网工程建设与运营直接影响的单位和个人；

②其他受工程设施间接影响的单位和个人；

③电网设施服务地区的单位和个人。

5.2 构建基于信息公开的沟通机制

将项目实施期间通过政府审批的文件公开，确保公众的知情权、参与权和监督权。在不同阶段承担项目规划、选址、设计和建设、运营的机关或单位，应及时发布项目设施规划与项目相关信息，保证公众参与的信息基础。

1. 项目初期

项目初期的规划选址与设计阶段可以开展五次信息公开。

①项目规划期发布信息。公开的内容主要包括：项目建设区域的用电负荷和供电能力；对未来供电状况的预测；建设项目的必要性；公众申请索取相关信息的途径和时间段；公众咨询的主要内容与事项；公众咨询的方式；公众咨询的时间。

②初步选址方案完成后发布信息公告。信息公告包括以下内容：项目设施选址概况；设施选址依据和标准；设施的技术工艺、设备选型、公用辅助设施、交通运输方式、环境保护、企业组织、劳动定员、社会经济效果评价等相关消息；征求公众意见的范围和

主要事项；征求公众意见的具体形式；公众提出意见的起止时间。

③项目可行性报告完成后发布信息公告和项目可行性报告简本。其中信息公告包括以下内容：项目可行性研究委托的机构及其联系方式；可行性研究报告简本的索取方式；公众认为有必要向项目可行性研究单位索取相关信息的方式和期限；征求公众意见的范围和主要事项；征求公众意见的具体形式；公众提出意见的起止时间。项目可行性报告简本包括以下内容：电力设施的基本情况；项目选址及依据；项目设备选型、技术工艺、交通运输方式、环境保护、企业组织、劳动定员、社会经济效果评价等相关信息。

④确定承担设施环境影响评价工作的环评咨询公司后，发布的信息公告应包括：环评单位名称和联系方式；环评工作程序、审批程序以及各阶段工作初步安排；备选的公众参与方式。

⑤环评报告审批前发布信息公告。包括：项目情况简述；项目建设和运营可能造成的环境影响；环境保护对策和措施要点；环境影响报告书提出的环境影响评价结论要点；公众查询环境影响评价报告书简本的方式和期限；公众申请索取相关信息的途径和时间段；公众咨询的主要内容与事项；公众咨询方式；公众咨询的时间。

2. 项目建设阶段

项目建设阶段也需发布两次信息公告，第一次信息公告的内容主要包括：项目施工的工程内容和工期；工程施工承担单位及联系方式；施工期间对周围生态环境、公众生活、经济活动等的可能影响；计划采取的影响减缓措施；公众对施工影响进行投诉与沟通的渠道与方法。第二次信息公告的内容主要包括：项目施工情况简介；施工过程对周围生态环境、公众生活、经济活动影响减缓措施的实施与效果简介；设施运营商及其联系方式；设施下一阶段投产、运营计划。

3. 项目后期

项目后期运营期间，除了运行前的信息公告外，也要定期发布设施运营情况和环境信息公开报告。主要包括：项目运行计划；设施管理制度与机制；设施应急预案；环境影响评价报告中所提环境影响减缓措施落实情况；运营阶段可能产生的对周围生态环境、公众生活、经济活动等的影响；计划采取的影响减缓措施；公众对设施运营影响进行投诉与沟通的渠道与方法；运营阶段拟公开的信息内容、时间与方式；公众索要设施相关信息的联系方式。

项目运营情况与环境信息公开报告包括设施运营情况简报、设施环境报告两部分。设施运营情况简报包括：设施运行可承受的用电负荷；配套环保设备的运行情况；其他环境不良影响的减缓措施实施情况及效果。设施环境报告包括：项目运营时产生的主要污染物种类；污染物处理措施；设施周围水环境、大气环境、声环境等生态状况变化趋势；设施污染物排放检测单位及其资质证明；设施周围环境状况检测单位及其资质证明；设施业主单位名称和联系方式；环评公司名称和联系方式；评估工作程序、评估重要事项以及各阶段工作初步安排；征求公众意见的主要事项；备选的公众参与方式。

5.3　构建基于新媒体的创新型沟通机制

在邻避纠纷中，媒体的误导和对相关知识的不正确认识会带来很多不良影响。所以，对公众的宣传也要与时俱进，不断创新。基于网络的宣传具有更新快、成本低、针对性强的特点，不但可以宣传一些浅显易懂的科学知识，也可以做到同公众简单的沟通。在这方面，微信公众号、网页论坛和企业微博是一个很好的选择。

5.3.1　微信公众号

（1）微信公众号的主要内容

①相关科普知识的详细内容；

②其中的相关内容可以引用前面章节的相关概念，并可以适当采用一些公众感兴趣的方式来介绍；

③易理解易误解的知识点。

（2）关于电网工程建设的相关信息公示

在其中可以加入不同阶段需要公开的不同信息，甚至可以在上面贴上有关的网页问卷调查，方便相关信息的收集和宣传。

（3）有关的客服自动问答

关于公众共同的疑问，可以设置成为自动回复来答疑解惑。

（4）相关活动消息的自动回复

具体相关例子如图 5.1 和图 5.2 所示。

图 5.1　广东输变电微信公众号　　　图 5.2　江苏盐城大丰 500kV 输变电工程微信公众号

5.3.2　网页论坛

（1）信息公开

在网页进行阶段性信息公开，可以及时得到公众的反馈，了解公众的态度。

（2）沟通

在网页论坛中，不仅可以做到公众和建设单位的沟通，也可以引进政府部门，做到三方沟通。在整个沟通过程中可以做到公众全程监督，保证沟通的透明公正。

如图5.3所示，可根据不同的输变电工程进行分区，在此区中可以进行讨论沟通。

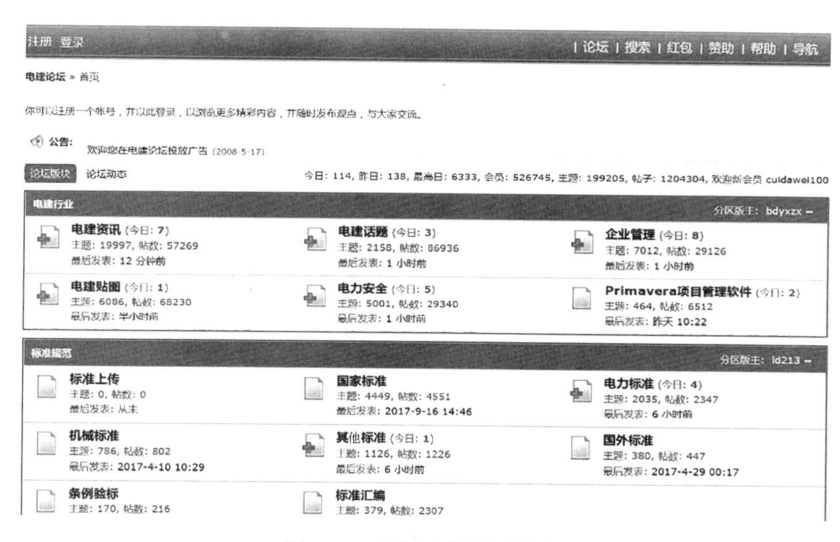

图5.3 电网工程网页论坛

首先是可以设置一个电网工程相关标准区，做到三方都可以有一个共同的参考标准。其次可以设置一个电网工程相关资讯区，让公众可以了解国内国际有关电网工程的最新信息。最后是设置三方沟通的主体区：a. 公众—电力公司，公众和电力公司均可发帖，内容针对双方，帖子三方都可查看，并均有权限做出相关评论，但主要用于公众和电力公司双方；b. 公众—政府，公众和政府均可发帖，内容针对双方，帖子三方都可查看，并均有权限做出相关评论，但主要用于公众和政府双方；c. 电力公司—政府，政府和电力公司均可发帖，内容针对双方，帖子三方都可查看，并均有权限做出相关评论，但主要用于政府和电力公司双方。

5.3.3　企业微博

微博作为新媒体的代表已经极大地影响和改变了我们生活的方方面面，企业微博是由企业依托主流网站微博客平台专门开设的，用于发布信息、倾听意见、收集需求信息、服务客户、品牌维护、危机公关、产品营销、价值推广等活动的企业官方网络互动平台。

（1）企业微博的主要内容

①运用新闻故事、图片、漫画、动漫、微视频、歌曲、现场网络直播等形式来进行科普。如图5.4和图5.5所示。

图5.4　漫画科普

②最新动态。

（2）电网工程建设的相关信息公示

可以在微博中进行工程不同阶段的信息公示，也能进行网页问卷调查，方便相关信息的收集和宣传。

（3）评论和私信

图 5.5 微视频科普

微博的评论和私信功能，可以更好地与公众进行互动。具体相关例子如图 5.6、图 5.7 和图 5.8 所示。

图 5.6 国家电网公司官方微博

国网湖北电力 V

3月30日 15:46 来自 UC浏览器电脑版

#变电站辐射真相大揭秘#【直播回顾】3月27日上午10：00，我们的美女主播带你走进国网武汉供电公司220千伏蔡家嘴变电站，共同科学求证，揭开了变电站辐射的真相，吸引了众多网友围观，没有来得及观看直播的你，是否感觉错过了什么？视频回顾： 美女主播邀看变电站辐射真相大揭秘

图 5.7　国网湖北省电力公司官方微博网络直播

图 5.8　南方电网公司官方微博

5.4 构建全寿期的公众参与机制

建设项目全寿命周期，是指建设项目从其寿命开始到寿命结束的时间。建设项目全寿命周期包括决策阶段、设计阶段、施工阶段、运营阶段和拆除阶段。而构建全寿期的公众参与机制意味着在电网工程全寿期内的各个阶段中引入公众参与，使得公众能在电网工程从寿命开始到寿命结束之间享有全面的知情权，有利于公众充分了解电网工程项目，当出现纠纷时能更理性地与电网公司进行沟通。

5.4.1 公众意见的收集

公众意见的收集可以通过问卷调查、开展座谈会、论证会、听证会等方式实现。

1. 问卷调查

项目规划、选址、建设和运营期等不同阶段问卷调查的主要内容应因调查目的不同而进行调整。

问卷调查可以分为书面问卷调查和网络问卷调查两种形式。书面问卷调查可以在项目相关活动现场开展，或者对设施周围区域内公众整体进行科学抽样后开展。网络问卷调查较之书面问卷调查，具有成本低、受时空限制小、范围广等优点，可通过公共网站或者电网建设专题网站或者当地环保部门主页等相关专业网站提供网上问卷调查链接开展。调查问卷应设计成封闭式和开放式问题相结合的形式，前者针对公众对设施所持的态度进行提问，后者则用于征集公众的意见。

不同阶段开展调查问卷所提供的背景信息侧重点不同。

①项目建设初期，调查问卷可以简单介绍项目建设的必要性，初期的规划、选址以及施工期间可能的影响、缓解施工影响计划采取的措施、其他环节影响评价报告书中提到的施工期间措施等，然后对公众看法进行提问，最后可以设置空白处征求他们的意见。书面问卷调查可以在项目建设附近的居民区或者公共区发放填写，网

络问卷调查可以通过公共网站或者项目建设的专题网站或者地方环保部门网站等提供的链接开展。

②项目建设中期也需要积极主动关注施工对公众带来的影响以及公众的态度。仍然延续初期强化公众参与度的方法，通过设置问卷调查、座谈会、论证会、听证会等方式及时了解公众意见并妥善处理公众问题。中期问卷调查的目的是及时了解公众对项目建设的态度和意见、建设期间带来的影响。因此，问卷应该简单介绍项目建设的日常情况、环境管理措施落实情况、污染排放情况以及其他相关信息等。

③项目建设后期仍需开展问卷调查，目的是了解项目建设过程的累计环境影响以及运营时应解决的重点问题。因此，问卷应简单介绍项目运营全过程概况、主要的环境影响、环保措施落实情况、运营后给公众带来的便利等。

问卷调查可以适当提高开放式问题的比例，以利于吸纳更多的建议。所设问题表述应该简单明确、通俗易懂，避免容易产生歧义或误导的问题。

2. 座谈会

在项目建设全过程中不同阶段召开座谈会应遵循以下原则：

①座谈会是项目建设利益相关方之间沟通信息、交换意见的双向交流过程。

②座谈会讨论的内容应与公众意见调查的主要内容一致。

③在项目规划、选址、建设和运营全过程中，根据实际需要，召开多次座谈会。根据座谈会代表的不同，座谈会可包括政府部门座谈会、技术座谈会（有关专家）、公众座谈会等类型。

④每一阶段座谈会召开的次数和地点，应根据核心公众群的地区分布情况和核心公众代表的数量来确定。

⑤座谈会主要参加人以受电力设施直接影响的单位和个人为主，可邀请相关领域的专家、关注项目设施的研究机构和非政府组织中的专业人士出席会议。

⑥座谈会一般由电网公司相关部门、设施可行性研究承担单位、设施建设项目环评咨询公司、政府相关部门等主持。

⑦座谈会一般包括设施相关情况介绍、代表提问与答复两部分议程。

⑧座谈会主办单位应在会前7日书面通知参会人座谈会的主要内容、时间、地点和主办单位的联系方式。

⑨座谈会主办单位应在会后5日内准备会议纪要，描述座谈会的主要内容、时间、地点、参会人员、会议议程、公众代表主要意见和初步答复等。

3. 论证会

论证会是针对某种具有争议性的问题而进行的讨论或辩论。

根据项目设施管理中遇到的主要问题，设置明确的论证会议题，围绕核心议题展开讨论。论证会一般由电网公司规划部门、建设单位、设施可行性研究承担单位、环评咨询公司等主持。论证会的参加人主要为相关领域的专家、关注项目设施的研究机构、非政府组织中的专业人士和具有一定知识背景的受直接影响的单位和个人代表。论证会的规模不应过大，以15人以内为宜。

4. 听证会

听证会主要是针对某些特定问题公开倾听公众意见并回答公众的质疑，为有关的利益相关方提供公平和平等交流的机会。

在项目规划、选址、环评等环节，有必要针对项目规划、项目选址、环境影响问题进一步公开与公众进行直接交流，应组织召开听证会。

参加听证会的公民、法人或者其他组织，应当按照听证会公告的要求和方式提出申请，并同时提出自己所持意见的要点。

听证会组织者应当综合考虑地域、职业、专业知识背景、表达能力、受影响程度等因素，在申请人中遴选参会代表，并在举行听证会的5日前通知已选定的参会代表。

5.4.2 公众意见处理对策

在项目初期规划、选址、建设、运营、后期维护等过程中，应设专人负责收集和整理公众发来的传真、电子邮件和问卷调查表等并记录有关信息。对问卷调查、传真、电子邮件（含电子邮件地址、时间等信息）、信函和座谈会、论证会、听证会等会议纪要妥善存档备查。

对所收集的公众意见进行有效性识别。有效公众意见包括与项目各项决策相关的意见和建议。某些具有建设性或意义重大的非有效意见和建议，例如针对与项目建设无关的重大社会问题的披露等，公众参与的执行单位可将其转交有关部门。

在每一阶段的公众参与过程中，公众参与组织单位应组织对所收集的有效公众意见进行逐条回应。回应内容包括是否采纳公众意见、如何采纳等。最后，编制各个阶段的公众参与意见与反馈汇编材料，并提供给公众取阅。

第6章 电网工程邻避效应解决方案研究

公众对电磁辐射较为敏感，因此反对甚至阻挠电网建设的现象屡屡发生。国家为了维护电磁辐射环境安全、保障公众健康，已经或即将出台电磁辐射环境监管的新政策、新标准。根据国家的规定，在电磁管理中，应该结合电磁环境的特点，掌握电磁环境管理规律，高举“环境友好、公众接受”的旗帜，秉持“程序合法、监测达标”的底线。输变电工程竣工环保验收调查也需要秉持“程序合法、监测达标、环境友好、公众接受”的总体原则，规范管理手段，创新管理方式，推动相关产业和社会、环境协调发展，为和谐社会建设作出贡献。

6.1 电网工程“环境友好”的解决方案

6.1.1 电网工程规划选址之对策

在全国电网快速发展的进程中，面对电网规划建设中越来越突出的用地和空间的矛盾，实现电网规划与城市规划两个规划的相互协调、有机结合，已经成为加快电网建设、推进电网快速发展的当务之急。实现电网规划和城市规划的有效衔接，主要可采取以下途径。

①建立统一的规划体系。规划之间不能有机衔接是当前的共性问题，如果是两个规划不协调，电网规划建设布局与城市规划建设布局形成矛盾，所产生的后果是很严重的。其实，任何一个规划都应有自己的体系，从大到小、从上到下、从国家到区域，相互衔

接，层次关系清晰。各级各类规划要与相关的规划衔接，下一级规划要与上一级规划衔接，区域规划、专项规划要与总体规划衔接，相关规划之间要相互衔接，同级规划相互协调，城市规划、电网规划也要与经济和社会发展规划相衔接。就市级电网规划而言，在层次上要考虑与国网、省级电网规划相衔接，在层面上要考虑与电源规划、特高压电网规划以及城配网规划、农网规划相衔接。城市总体规划是综合性规划，包括详细规划和专项规划。详细规划又包括控制性详细规划、修建性详细规划，专项规划则包括环保规划、水利规划、交通规划、电力规划、电信规划等。城市总体规划不但要做好与各专项规划的衔接，同时还要考虑与土地利用总体规划的衔接。电网规划属专项规划，电网建设的用地及走廊就应得到保障。但由于规划间存在的不统一性、不准确性和不协调性等问题，往往在具体问题上存在相互制约、可操作性不强。因此，应该建立一个统一的空间规划体系，按照从大到小的层次去梳理，将规划的衔接问题提到一定的高度上进行统一规范。

②建立有效的协调机制。电网企业和政府相关部门要建立统一的规划信息平台，实现信息渠道的互通，形成两个规划间的常态沟通机制。具体组织两个规划的编制单位电网企业和规划部门应该加强联系和沟通，互相探讨，建立两个规划间的长效协调机制，共同就规划的指导思想目标、规划的范围、规划的技术方法、规划的周期与编制、规划的实施管理机制等做进一步探讨和协商，从规划编制、修编、审查等各个方面建立完善的组织体系和协调机制，从变电站站址用地、线路走廊、电网布局等各个方面采取相应的技术手段和管理措施，保证两个规划相互衔接。在编制电网规划时，应充分考虑城市化进程，电网建设应当与城市化进程协调一致。

③处理好两个规划的关系。电网规划与城市总体规划的衔接非常必要，关键是要处理好两个规划间的关系。电网规划的目的是在保证可靠性的前提下满足日益增长的电力需求，提高总体社会效益，应该说电网规划主要侧重于城市空间内电网的科学合理布局，更多地强调技术和经济层面的合理性。城市总体规划是根据地方社会经济发展的需要所作的一个综合全面规划，更侧重于规划市区的

科学合理的布置，更多地强调规划实施的管理与指导。两个规划有着共同的规划对象和规划目标，都涉及城市建设用地控制和空间走廊，它们应该是相互协调和衔接的关系。因此，两者的衔接首先要落实到规划的编制阶段，在审批和实施的过程中也要衔接。电网规划应在城市总体规划的指导原则下进行编制，以往电网规划仅是将规划项目建设纳入城市规划之中，变电站位置和线路走廊都是未定数，政府规划部门难以预留与控制，往往形成“建时再定”“随建随定”的状况，不能做到实际上的有效的衔接。根据实践，可采取以下主要做法：一是实现规划同步，确保规划编制时间、年限的一致，并同步进行修编与调整；二是提高规划可操作性，电网企业与规划设计单位共同开展城乡供电专项规划和500kV及以上电网的布局规划编制，实现城区变电站和线路精确到地理坐标点、廊道宽度和转角位置，乡村变电站和线路走廊落实到具体乡村位置，专项规划经由省（市）政府审批，与城市规划有机衔接，作为电网建设和省（市）域空间管制的重要依据和内容；三是建立统一规划体系，搭建平台，实现信息畅通。

④共建资源节约型社会。电网规划要求根据社会经济和城乡发展需求进行科学合理的电网网架布局，确定建设规模和方案，需要预留站址用地和线路走廊。而城市规划建设则更侧重科学合理布局和保护环境，城市规划首先要考虑资源约束，寻求集约紧凑的布局模式，强调内涵发展，两者既相互联系又相互制约。“坚持可持续发展战略，完善电力基础设施，满足城乡社会经济发展需求，合理布局，资源节约，保护环境”，应该是两个规划衔接的总基础。其核心内容是电网规划布局与城市规划布局的协调与否，直接关系着两个规划能否顺利实施，关系着城市能否健康发展。“规划节约才是最大的节约”，负责编制规划的电网企业和城市规划部门应本着城市电网与城市设计协调的原则，以创建资源节约型城市为目标，根据城市综合布局，确定电网网架布局。电网企业应依据城市建设规划，从电力建设适度超前和贯彻资源节约型社会的要求出发，不断优化和完善电网结构。尽量使输电线路走廊与交通规划紧密结合，避开人口密集的城镇和村庄，将新建线路及改造老旧线路尽可

能建设于规划走廊内，便于土地总体规划。新建变电站选址既要考虑位于负荷中心，还应考虑占用荒地，合理控制用地。对距离居民区较近的变电站，应选用新型高科技设备，采用紧凑型布置、全封闭组合电器、低噪音变压器等先进技术以及典型设计，以尽量减少项目实施后对环境的影响。同时大力推广和应用多回路杆塔、紧凑型设备、大容量导线、低噪音导线等技术，优化基础型式、铁塔结构、总平面布置等，少占土地，少占通道，少拆房屋。

针对目前最为敏感和集中的城市电网工程建设项目，应借鉴国内外城市的先进做法和成功经验，在城市电力设施建设中科学地进行规划选址，严格进行环境影响评价，优化电力结构和布局，同时注意解决好建设过程中出现的矛盾和问题，切实维护公众利益。

具体来说，政府及有关部门应从以下几个方面入手来解决目前城市变电站建设的困境。

①从政府层面来说，要建立一种与市民平等沟通的管治思路，增加变电站规划选址及建设的透明度，通过规划公示、召开听证会、开展相关知识普及活动等手段吸引公众了解和参与决策，同时也要加大对市民的宣传力度。例如，有关城市用地规划及电力规划的资料应方便普通市民查阅，让普通市民享有足够的知情权。要及时公开环保批文，通过大众媒体宣传普及有关电磁辐射、国内外变电站建设等相关科普知识等，而慎以高高在上的权威姿态一味责众，主观断言没有电磁辐射或者埋怨市民阻挠变电站建设，单方面要求市民理解政府行为。毕竟电磁辐射是一个比较纯粹的科学问题，需要进行严格的科学检测，而面对电磁辐射的市民作为可能的“受害者”更需要得到政府的关注。

②制定相关法律、法规及加强监管是必要手段。对于居民买房中存在的开发商欺瞒市政设施用地的现象需要出台政策，以增强信息的透明度，各相关部门都要采取相关措施实行监管，除了房管部门加强房屋销售监控外，还需要规划管理部门对具体建设项目进行有效监督，电力部门对变电站等相关设施的建设进行实时跟踪等。例如，广州市政府2007年拟定的《广州市电力供应与使用规定》中明文规定“房地产开发商在销售现场，要明示住宅小区建设范

围内的高压电力建设规划”，否则将给予行政处罚。居民对电磁辐射的恐惧主要源于其宣传的混乱和相关法规的空白，根据我国已经出台的相关国家电网环保规定和标准，全面落实电磁安全的相关标准或规范。此外，还需要提高对电磁辐射的检测手段，明确其法律地位，用科学数据来说话。当前，变电站选址引发的问题已逐渐引起各地政府的关注，上海市已拟订《变电站环境保护设计规范》，并正在征求市民意见；广州市政府已就“电力设施建设与城市环境”召开专家咨询会讨论相关对策；南京市环保局2007年首次对全市190个变电站进行“摸底”监测调查；杭州市也已就市区电磁污染现状及对策开展相关调查研究等。

③加强部门合作，进行科学规划，引入科学的技术手段优化变电站选址是有效措施。公众对变电站选址方案常常缺乏足够的信任，因此频繁引发的纠纷也就导致居民纷纷要求变电站迁址而建，这也主要是因为公众对变电站选址规划的科学性存在怀疑。城市电力设施的选址建设涉及城市规划、电力、环保、医学、经济等领域，而各部门条块分割严重导致以往的变电站选址存在一定的随意性和主观性，因此城市高压电网及输变电设施的规划需要多个部门的合作。例如，规划部门与电力部门应共同对城市用地进行梳理，结合城市电力输送需要和用地实际情况一一落实电力设施用地；环保、卫生部门应将建设项目周围的医院、学校、居住区等环境敏感点逐一列出，认真评价电力设施对环境敏感点的影响程度。在城区“插入式”建设变电站，用地紧张，站址难觅，征地拆迁费用高昂，还有防火、防爆、防噪等相关要求，变电站的选址建设也涉及诸多经济方面的因素。同时，还有必要引入科学的技术手段来辅助变电站的选址和规划，尽可能增加选址的科学性和合理性。例如，可以充分利用现有的卫星遥感影像技术对城市用地进行监测与管理，以保证电力设施用地的落实；利用GIS技术结合相关输变电配送优化网络分析、居住人口密度及用电量分析等相关数学模型辅助变电站选址及分析，以保证选址规划更具科学性和严密性，让普通市民对选址方案信服。

6.1.2　电网工程环境影响问题的处理

电网项目的合理选址尤为重要。一开始就要充分考虑环保因素，针对各项环境问题制定措施，将环保工作前移，防患于未然，而不是等到出现环境问题后再来补救。

1. 电磁环境的防护措施

输电线路的设计应该充分征询沿线相关部门和利益相关公众的意见，优化线路设计，尽量远离住宅、学校、医院等环境敏感区；在人口密度高、环境要求高的城市中心区，尽可能采用地下电缆输电形式。地下电缆通道按照规划容量设计，避免重复开挖。城市边缘区可采用架空输电线路，沿已有或规划的道路架设，架设方式应优先考虑同塔双回紧凑型或同塔三回、同塔四回架设方案，这样一方面可节约线路走廊用地，另一方面，只要采用适当的相序排列和塔型布置，其线路周围的电磁环境影响范围可大大减少。对于在规划的城市新区，近期则可采用临时架空输电线路的方式，远期则应采用地下电缆敷设。

输电线路工频电场强度在其线路正下方分布比较集中，在线路边导线外则随距离的增大而呈快速递减趋势，通过提高线路高度、加大相间距离、减少分裂导线半径、调整导线排列方式、采用逆相序等措施，可以降低线路下方工频电场影响范围。此外，加强技术创新和技术改造对降低电磁污染也有重要作用。

对于变电站，城市中心区及新城区规划建设的 110kV、220kV 变电站应采用全户内式 GIS 设备或 HGIS 设备、全电缆进出线的布置方式，变电站采用户内、半地下、地下方式，站内主要设备布局优化，必要的屏蔽措施都能有效减少电磁影响。建筑外形、风格应该和周围环境、景观、市容风貌相协调。尽管这些方案均会不同程度地增加工程投资，但有利于降低周围居民在视觉上、心理上的不舒服感觉，同时也有利于消除市民对电磁场的恐惧。

在线路杆塔上设置警示标志，避免公众在线路下长时间停留。采用架设屏蔽网、屏蔽线等措施可达到降低静电感应影响的目的。

2. 声环境防护措施

在降低电磁污染中采用GIS设备或者HGIS设备，户内、半地下、地下变电站都可以有效降低噪声影响。

在变电站设计中，对噪声大的设备应考虑布置在站内中央，并采取加高围墙、增加隔声墙或声屏障等防护措施。

工程施工时也应采用低噪声设备，严格控制夜间大型施工机械施工和运输车辆行驶。

3. 无线电干扰的防护措施

变电站的无线电干扰源主要来自110kV~500kV的高压和超高压配电装置，主要是高压屋外配电装置的无线电干扰。110kV~500kV配电装置设计应重视对无线电干扰的控制，在选择导体及电气设备时应充分考虑降低整个配电装置的无线电干扰水平。

送电线路减少无线电干扰的主要措施是合理设计线路的导线、绝缘子，从而保证在工作电压下不产生显著的电晕放电。送电线路在设备订货时要求提高导线、母线、均压环、管母线终端球和气体金具等的加工工艺，防止尖端放电和起电晕。

目前家用电器抗干扰能力增强，城市中原来是无线接收电视信号，现在均为有线电视，无线电干扰对城区居民的影响越来越小。

4. 输电线路电场效应的缓解

尽管绝大多数输电线路均在标准内建设，但个别情况下由于个体的差异性，仍会有人感受到不愉快的火花放电痛感。

由于个体对电场的敏感性存在极大差异，要想通过降低标准限值，一律用抬高线路对地高度来完全消除电场效应是不现实的。但通过采取工程与管理的措施，如将金属物体接地以泄放金属物体上的感应电荷，或尽量消除长距离平行走向低压配电线，可以降低电场效应及人体接触电流可能带给人们的影响。具体防护措施包括以下几点：

①输电线路保护区内及边缘处的金属物体、金属结构仓库和金属屋顶，必须接地。

②输电线路保护区内及边缘处的民房，沿屋檐及墙壁敷设的落水管应可靠接地。

③输电线路保护区内及边缘的果园、工厂、牧场的金属栅栏应每隔一定距离接地一次。若架设栅栏的支柱为金属，且和栅栏有可靠的连接时，可不另设接地极，支柱为混凝土时不能用它代替接地极。

④轮胎绝缘的车辆在输电线路保护区内作业或较长时间停留应挂临时接地铁链。

⑤不允许在输电线路保护区内对各类机动车进行加油作业。

⑥在线路保护区内的各种农业灌溉系统，应尽量使用非金属管路，如需采用金属管路，应将管路可靠接地，并应尽量按垂直于线路方向排列。在线路保护区及边缘住户的金属晒衣绳应接地；输电线路保护区内及边缘若有民房，为减少房屋附近工频电场，可在房屋周围种植长势不高的树冠较大的树木，树顶与导线间的距离应符合安全距离要求。

此外，认真对待线路周围公众对高压输电线路周围一些电物理现象的质疑，主动调查、了解居民反映的事实真相，积极传播输变电设施的电场、磁场及其环境影响的科普知识，将有利于消除公众不必要的焦虑和恐慌。

5. 铅蓄电池的处理

铅蓄电池的处理在我国仍然是一大难题，整个回收工作总的来说处于一种无序状态，多家收购、多管齐下是普遍状态。个体专业户占从事废蓄电池回收的主导地位。他们没有任何的专业处理技术，将废旧电池任意堆放并且随意倾倒废酸，导致严重的环境污染。对于这个问题，电网公司需要找到由国家颁发许可证、环境治理设施完善、环保达到国家排放标准的再生铅企业，督促他们做好废旧铅蓄电池的回收处理。

6. 生态环境的保护

①在选择站址或线路路径时，应该避让自然保护区、风景名胜区、森林公园等环境敏感区。如确实不能避让，应该选择生态影响最小的路径通过。对跨越林区的线路，应尽量抬高架线高度，并减少线路走廊林木砍伐。

②输电线路采用紧凑型或同塔多回方式架设线路可减少走廊宽

度，在输电容量一定的情况下较常规单回线路节约占地。

③考虑地形因素，塔型设计应尽量采用全方位高低腿塔、改良型基础等措施，最大限度利用地形避免杆塔基础大开挖，减少植被破坏和土石方开挖量，避免造成大面积水土流失；铁塔设计应尽量采用档距大、根开小的塔型；多余土石方就地平衡，用以修筑护坡、挡土墙等，减少土石方搬运。

④对于交通不便的区域，可以采用气球、飞艇等手段放线，减少植被砍伐，保护工程所经区域的生态环境。

⑤利用现有线路走廊、道路绿化带等架设路线，尽量靠近现有通道，减轻线路对生态的破坏。

⑥超高压变电站采用 GIS 设备（气体绝缘全封闭组合电器）或 HGIS 设备，高压变电站采用户内、半地下、地下变电站会减少占地面积，提高土地利用率。

7. 水环境保护

输电线路途经水体时，应尽量采取一档跨越方式，不在水体中立塔。如果的确需要在水体中立塔，则要严格遵守相关管理要求，并进行环境可行性分析，在施工过程中避免污染水体。

目前，220kV 及以下等级变电站多采用无人值守、定期巡查的方式，而 330kV 及以上电压等级变电站日常运行人员较少，产生的生活污水也很少。生活污水应根据当地环境保护主管部门要求，采取合理的污水处理设施，回用于站区绿化或定期清运，不外排。

8. 空气环境的保护

对施工道路及开挖作业面定期洒水，对施工场地堆土、土石方运输车辆进行覆盖，防止产生扬尘污染。

9. 固体废弃物处理

对于施工场地固体废弃物应分类收集，在指定地点堆放，收集后送固废处理厂统一处理。

变电站运行期间主变压器、高压电抗器的冷却油要由有资质的单位妥善处理。生活垃圾则交由当地环卫部门定期清运，统一处理。

6.1.3 电网公司的管理对策

电网建设涉及电网公司的多个部门，各部门都有各自的风险管理任务。电网公司要想做好全面的风险管理，还要综合协调各个部门的风险管理任务，这样才能更好地应付电网建设面临的所有风险。构建电网建设风险管理体系时必须考虑到电网公司内部各部门风险管理任务的协调性。综合考虑到内外各种因素，既不能大而化之，也不能盲目地求精求细，要用最小的成本规模达到有效防范各种风险的目的。如果风险管理体系过于粗糙，就会出现只管理了一部分风险的情况。在这种情况下电网建设风险管理体系不能起到有效地防范控制风险的作用。因此，要确定以下基本原则：

①由对风险最有控制力的一方承担相应的风险。一方对某一风险最有控制力意味着他处于最有利的位置，能减少风险发生的概率和风险发生时的损失，从而保证了控制风险的一方用于控制风险所花费的成本是最小的，同时由于风险在某一方的控制力之内，使其有动力为管理风险而努力。

②承担的风险程度与所得回报相匹配。项目中存在一些双方都不具有控制力的风险。对于双方都不具有控制力的风险，分配时则应综合考虑风险发生的可能性、政府自留风险时的成本以及政府减少风险发生后所导致的损失和私人部门承担风险的意愿，如果私人部门要求的赔偿超过了公共部门自己承担风险时支付的成本，则公共部门是不会接受的，因此承担的风险程度与所得的回报应相匹配。

③承担的风险要有上限。在实际项目中还存在常常容易被忽略的情况：在合同的实施阶段，项目的某些风险可能会出现双方意料之外的变化或风险带来的损害比之前预估的要大得多。出现这种情况时，不能让某一方单独承担这些接近于无限大的风险，否则必将影响这些大风险的承担者管理项目的积极性。因此，应该遵从承担风险要有上限的原则。

1. 内部人员的管理

电网公司需完善机构人员编制和规范管理制度。结合自己的地域特点及功能性能，以专业化管理的角度，依据国家与地区的政策法规，不断探索，完善、规范与细化适用于自身的管理规定与管理方法。类似于风险评估规范、技防安防规范、安全生产规范、工作操作规范、隐患排查规范等制度，需要在专业的研究与实际的工作中，进一步完善与落实，并不断加强执行力，杜绝违规操作等行为的发生。

增加各项经费和人员编制，以方便开展后期的各项工作。对人防、物防、技防“三防”措施进一步落实，加大资金与人力的投入，构造更为严密的安防体系，进一步预防电网安全事故的发生。对大型的突发事故，继续从专业角度及地区特点完善应急预案，并在企业及系统内部进行有针对性的模拟实操，提升应急队伍的事故反应及处置能力。

加大安全管理力度，安全管理一方面是靠大家自觉地遵守，而更大的一方面则是要进行强有力的监管。对于电力行业的监管部门，传统的管理模式是几个人一组，在管理方面存在着责任不到位、责任模糊不清的现象，这样一旦有事故发生时，追究责任却找不到具体的负责人，工作起来会很被动。现在要责任到位，每个阶段的工作要细分，做到责任到位，这样会大大增强安全管理的效率。在管理的过程中要善于管理，可以借用监控的手段，进行每天的状态监控记录，到了月末进行总结性统计。通过总结统计预测未来的发展趋势，及时地研究讨论，并准备好相应的对策。

加大培训力度，应特别注重环保工作人员、输变电工程施工人员、管理人员在电网环保、电磁场与健康、环保政策法规等方面的培训，以期各工作人员都有充分解释和说明的能力及纠纷处理能力。

2. 法律法规与制度的完善落实

对相关管理制度与规范进一步完善。电力企业需要结合自己的地域特点及功能性质，从专业化管理的角度出发，依据国家与地区的政策法规，不断探索，完善、规范与细化适用于自身的管理规定与管理方法。类似于风险评估规范、安全生产规范、工作操作规范、隐患排查规范等制度，需要在专业的研究与实际的工作中，进一步完善与落实，并不断加强执行力，杜绝违规操作等行为的发生。

对环保法律法规和技术标准的落后性和矛盾性，电网公司相关负责人应向相关部门提出相关修改建议和意见书面材料，可参考已有的相关法规及技术标准的修订方法方案，并督促颁布，尽快形成一套合理、合法、科学的环保法律法规和技术标准体系，从根源上减少纠纷的发生。

在建设项目规模大、数量多的区域，环境生态压力都较大，公众的舆论监督发达。在国家环保法律法规不能为环保部门行使环境管理提供高效保障，省级立法工作进展不顺利的前提下，应结合地区实际情况，加强地方区域立法。

3. 设备安全风险管理

电力系统风险评估在电网安全管理工作中占有越来越重要的地位。要对电网的运行状态进行判断、分析与评估，并借此掌握电网运行的安全隐患，进而给出有针对性的防治措施。建立风险评估管理系统对消除电网隐患、保证电力系统正常可靠运行都有着重要价值。

要对电力安全风险评估工作进行明确分工。系统管理员应该利用标准来对功能进行分解，将这些分解后的评估项目落实到每一个下级单位中，工作人员可以依据项目的查询权限来对本单位负责的评估项目进行了解，同时要严格按照项目的评估周期来对现场进行安全风险评估。在对现场进行安全风险评估的过程中，应该做好相关的记录工作，如果发现了可能存在的安全问题，应该及时上报给上级部门，上级部门在对上报问题进行查看的时候需要充分利用评估处理的功能，对这些问题在评分的基础上，制定一系列的措施来对其进行解决。下级单位应该按照上级领导的整改措施来进行解决，还需保证完成的时间能够符合相关的要求和规定，完成整改之后还需要详细记录问题的整改情况。系统可以有效地评估和分析这些情况，然后自动生产统计结果，企业安全管理人员应该定期对下级单位的风险情况进行查看，利用的是历史结果统计功能。此外，还可以清晰地看出下级单位风险的变化趋势。

提高电力风险的辨识解决能力。供电企业内部相关的机构应该明确自己的职责和权限，有效地辨识电力系统运行中存在的一些安全风险。在此基础上，还需要科学地评估风险，并且采取一系列措施来进行控制管理。按照相关的制度和要求来明确地给电力系统各个部门进行分工，各个部门应该采取一系列有效的措施来合理地控制自己职能范围内的风险。现场涉网危害辨识则主要是由一些设备运行维护人员来负责，并且针对这些危害和风险采取控制措施。

4. 舆情应对

互联网时代，在以微信、微博、QQ 等为代表的新媒体出现后，公众表达自己对社会公共事务的态度、情绪、观点的途径更加多样化、便捷化、快速化，传播之快都是前所未有的。大多数输变电工程的建设都与公民的利益相关，有个别单位、个人的权益、诉求遭到忽视、损害时，就会借助网络来进行反映。特别是一些心存恶意者可能制造虚假信息，让公众不明真相，让公众对政府和电力企业的公信力产生怀疑。网络媒体的开放性也导致舆情发生前事先没有任何征兆，一个热点事件加上一些网民情绪化的意见，就可以成为点燃舆论的导火索，并快速形成强大的舆论声势；舆情事件发生后，各类媒体竞相报道，微博发表评论，微信朋友圈转发，公众在互联网上发表意见，各种声音交织，容易形成舆情风暴。

电力企业应有完善的舆情应对体系和应急预案，日常紧密关注工程建设进展和热点事件，制定应对措施：

一是建立有效的舆情应对机制，加强信息收集、分析、研判。充分调动资源，建立网络信息安全管理机制，建立舆情监测队伍，设置网络舆情监测管理平台，专门部门通过新闻网站、论坛、博客、微博、微信等信息渠道定期搜索涉及企业安全生产、环境保护、信访、企业形象、社会责任等方面的信息和舆情，做到超前分析、研判。根据掌握的信息，定期梳理、准确研判，针对热点、焦点问题，加强舆情分析和跟踪，及时上报、发布，落实对负面舆情的各项控制措施，为防止负面舆情扩散做好准备。发现负面舆情后，第一时间及时向有关领导和部门汇报，使舆情主管部门、业务职能部门及时了解、掌握信息，制定相应的对策。如瞒报、不报，将错过黄金处置时间，使舆情进一步扩散、发酵，给以后的舆情处置工作增加难度，极有可能造成严重的后果。

二是对于有不同诉求的公众个人或团体，应采取有针对性的舆情回应和处置策略。针对公众缺乏相关知识引发的舆情，应加强公共宣传和科普工作，消除公众疑虑；针对公众参与不充分引发的舆情，应加强信息公开，扩大公众参与的广度和深度；针对利益诉求引发的舆情，应加强与利益相关者的协商沟通，坚持依法依规，妥善处置；针对不良企图的舆情，应考虑有效的管控措施。

三是制定完善的舆情应急预案。成立舆情控制组织机构，建立新闻发布机制和指挥体系，针对电力企业具体情况和可能发生的突发事件，制定配套应急预案，明确职责划分，细化操作流程。不仅要有危机发生后应对各种可能情况的多套行动方案，如遏制危机、处理危机、消除危机，重建或恢复正常状态等，更要通过培训、演练，提高应急系统的指挥能力和应变能力。

四是建立健全群防联动的舆情处置机制。要把舆情突发事件处置纳入企业全面风险管理工作中，按照一般、较大和重大舆情分级处置的方式，制定不同的处置预案和工作流程。完善企业危机公关组织，保持与本地主流媒体、网站的联系，建立起良好的沟通机制，以便在舆情出现之初对不实消息采取控制措施，及时查堵负面消息源，最大限度地压减影响面。同时，在舆情发生后，立即启动应急预案，及时收集有关舆情信息，组织编写新闻报道材料，通过企业官方微博，按照模板滚动的方式发布相关事件情况、处理结果及预计恢复所需时间等信息，并组织召开新闻发布会，公布客观情况，解疑释惑，掌握话语权，扭转舆论风向。

五是及时进行舆情处置的事后评估。网络舆情妥善处理后，要及时进行总结，实行舆情处置工作一事一结、一事一评制度，深入总结经验教训，改进处置工作，不断提高应对处置水平。并将舆情管理与处置相关部门的人员纳入企业考核。

5. 纠纷紧急应对机制的建立

以 GIS 技术为基础，结合移动终端及全球定位系统（GPS）技术，建立一个适用于电网环保纠纷紧急应对的信息管理系统，在短时间内靠自身收集足够的资料和信息来应对纠纷。该系统主要包括手持终端、GIS 模块和信息管理系统三个部分。

（1）手持终端

手持终端是一个手持电脑，通过 GPS 设备获取定位信息，主要实现纠纷发生现场的信息采集、手持终端和监控中心的通信，包括接收及发送消息、接收图片、确定纠纷发生位置、引导处理人员方便地抵达现场等。当纠纷发生时，工作人员即可利用手持终端提供的信息，迅速从信息管理系统调出处理方案及技术资料，用邮件发送至手持终端或安排纠纷调解人员赴纠纷发生地点进行处理。

（2）GIS 模块

为了提高纠纷处理的效率，必须采用信息化手段，保证纠纷处理和调解的及时有效性。地理信息系统（GIS）作为数字化电网、信息化企业的一个重要技术支撑手段，已经在国内外电力企业得到了迅速发展。因此，利用电力 GIS 系统获取纠纷发生的及时可靠的信息资料是最有效且最合适的。

（3）信息管理系统

系统可结合数据库技术，通过技术情报查询，收集世界卫生组织（WHO）等国际权威机构对极低频电磁场健康影响的相关成果以及国内外涉及输变电工程电磁环境的纠纷诉讼案例，全面和系统地分析案例发生的背景资料，整理案例中的技术证据等法律文档，结合较为成功的裁定或调解案例的特点，对资料进行筛选和归纳，建立如下数据库：建立可供供电公司各级单位参考使用的、涉及输变电工程电磁环境等环保问题的较为成功的案例资料库；建立应用于诉讼各阶段的标准法律文档模板，将《环境影响评价法》等相关法规与技术标准均纳入其中；整理出有效应对或化解环保纠纷的工作机制和详细工作流程以及流程中需要用到的电力知识科普资料、法律法规的讲解资料、相关报告书（表）模板等材料，建立纠纷紧急应对机制及其材料数据库。

信息管理系统在功能上主要实现对电网建设项目环境保护数据、文件的管理（增加、修改、查询）以及紧急应对纠纷时的调用。信息管理系统可为已投入运行项目纠纷的发生提供快速有效的应对材料和技巧。

6.1.4　电网工程应对法律变化的解决方案

面对国家环保新政，有必要梳理和分析原有环保管理工作流程，在电网生产运行与建设的各个环节，重新设计和部署环保工作内容和职责要求，进一步理顺电网公司环保管理相关工作流程，保障电网建设项目依法有序开展，提升电网环保管理工作水平，以适应新形势的需要。要建立一个完整、科学而具体可操作的电网环保业务流程实施体系，以提高电网建设效率，保障生态环境安全。

1. 推进落实规划环评

积极推进项目的环评规划工作，综合考虑项目的总体发展布局，尽量避开环境敏感区。按照环保法律法规和技术标准，对电网建设项目环境影响作出客观评价，严格执行环评报告书（表）的审核过程，确保评价程序、方法、内容和结论的正确性，从决策源头上控制环境污染，保护环境。为将环评管理落到实处，围绕环境保护总体控制目标，设计了电网项目环保全寿命周期管理工作流程，如图 6.1 所示。

（1）电网规划环评阶段

省级电力公司下达规划环评编制任务，开展“十三五”规划环评工作。全面搜集地方环保、规划、国土、水利、发改委、文物、林业等政府部门涉及社会、经济、环境等方面的资料，在实地踏勘、现场监测的基础上，广泛开展公众调查，结合电网建设现状及相关规划内容，编制“十三五”规划环评报告。

强化政企联合，以环保审批部门为主导，组织开展电网规划环评评审，对电网“十三五”规划的环境可行性及合理性进行研究，实事求是地作出分析、预测和评估，科学合理地提出预防或减轻不良环境影响的对策和措施，消除电网规划可能造成的环境影响，进一步优化电网结构、规模和布局。

同时，对电网建设项目提出环境保护的指导意见，实现电网与环境保护互为促进、协调发展。

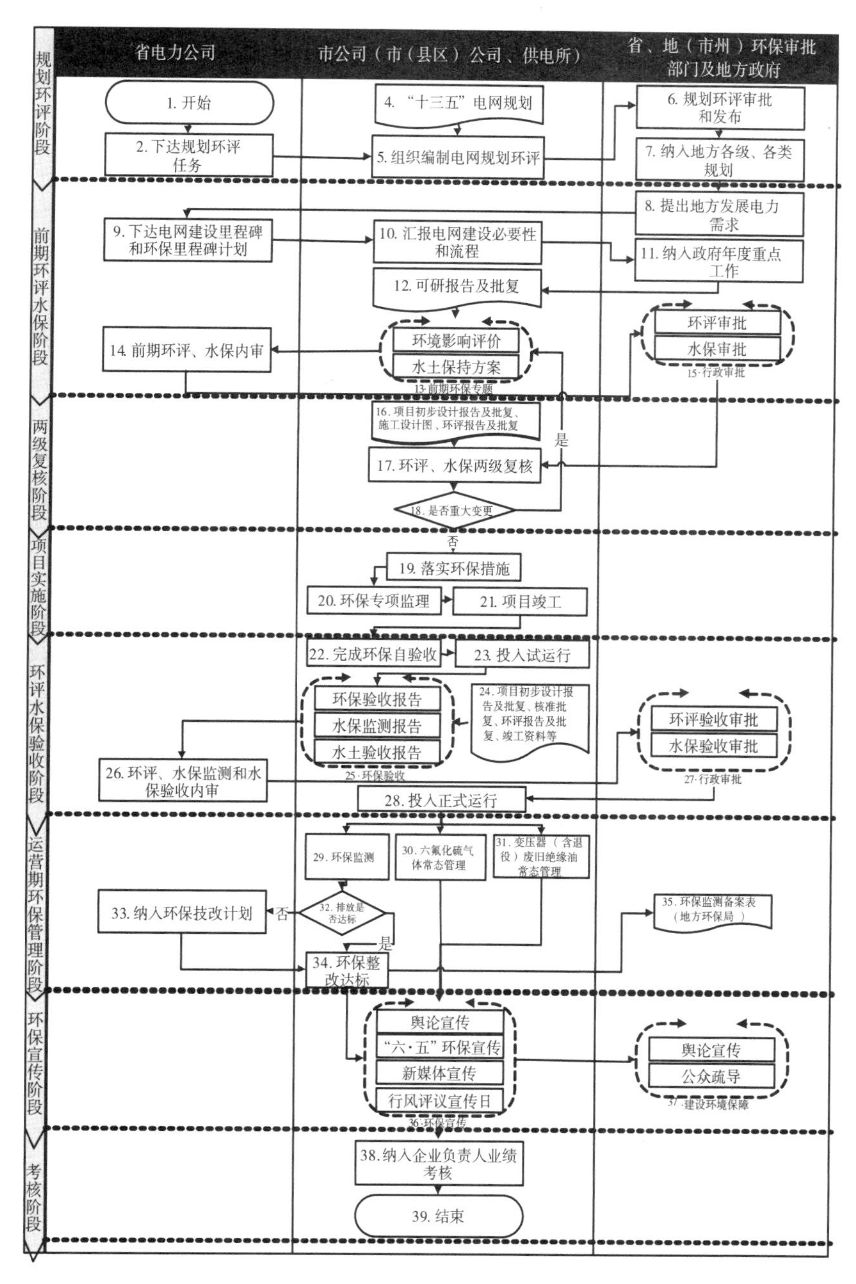

图 6.1　电网项目环保全寿命周期管理工作流程图

（2）项目前期环评、水保阶段

地市公司发展策划部负责收集项目可行性研究报告及批复、站址及线路规划意见等，委托有资质的咨询单位组织现场踏勘，编制环境影响评价报告和水土保持方案。报告编制完成后，省级电力公司科信部委托省级经研院组织环境影响评价报告和水土保持方案内审，咨询单位根据专家意见修改完善。

（3）实行“两级”环评复核

环评批复后，原环评单位根据提交的初步设计报告及批复完成第一次环评复核。设计院完成施工图后，原环评单位根据提交的施工图完成第二次环评复核，确保复核准确无误。依据《输变电建设项目重大变动清单（试行）》（环办辐射〔2016〕84 号）文件要求，复核确认是否发生重大变更，若确认发生重大变更，则重新开展环境影响评价。

（4）项目实施阶段

①落实环保措施。在项目建设阶段，建设部加强费用保证、技术保证，强化工艺保证、监理措施，及时跟踪项目实施情况，全面落实设计文件中提出的各项环境保护措施；督促项目施工单位落实环境影响评价及水土保持方案中的环境保护措施，及时恢复建设过程中受到影响或破坏的环境。

②实施环保全过程监理。监理单位在接受项目建设单位委托后，根据有关环境保护和工程建设的法律法规、环境影响评价文件及批复文件、环境监理合同及其他工程建设合同、批准的工程建设设计文件等，对建设项目实施专业化的环境保护咨询和技术服务，协助和指导建设单位全面落实建设项目各项环保措施。

（5）环评、环保验收阶段

①收集资料。地市公司发展策划部收集项目初步设计报告及批复、核准批复、环评报告及批复、竣工资料等，提交咨询单位。

②完成项目环保自验收。电网建设项目竣工后，组织环保自验收，若环保自验收不合格，则立即组织进行整改，整改完成后，工程方可开展带电试运行。

③完成环评、环保验收报告。项目投入试运行后，委托有资质

的咨询单位组织现场踏勘，编制环评、环保验收报告。

④环评、环保验收内审。省级电力公司科信部委托省级经研院组织项目竣工环保验收和环保监测及其评估内审，咨询单位根据专家意见修改完善。

⑤完成环评、环保验收报批。将环保验收报告报送审批部门审查。按照专家意见修改完善，审批后下达批复。

(6) 运营期环保管理阶段

①完成年度监测计划。按照年度监测计划（变电站总数的25%），安排变电站及线路监测。对不达标变电站及线路，编制环保技术整改建议计划，报省级电力公司。省级电力公司纳入下一年度投资计划，实施环保技术整改，实现达标排放。

②强化六氟化硫气体常态管理。设备运检单位负责对检修设备中六氟化硫气体、故障设备及退役设备中六氟化硫气体进行回收，严禁向大气排放，确保气体回收率（指从六氟化硫气体绝缘设备中回收的气体质量占设备中额定充气量的百分比）不低于95%。

③强化变压器（含退役）废旧绝缘油常态管理。设备运检单位负责对废旧绝缘油集中回收处理，确保废旧绝缘油经吸附处理后达标合格，循环利用。

(7) 保护宣传阶段

①利用报纸、电视、网络、微信公众号等新旧媒体加强宣传，增强社会公众对电网环保的了解，提升群众对电网环保的认识。

②在“六·五”世界环境日，开展电力环保宣传活动，运用直观的数据和事实做好群众关心的电磁辐射问题的解释工作，消除社会上对电网公司存在的误解和不良印象，保障电网项目顺利落地。

③邀请市民参观释疑。邀请社区管委会、变电站周围市民代表进入变电站，介绍变电站建设工艺流程、工作原理、噪声治理方案和国家环保标准，用数据说明变电站工频电场、磁场强度和噪声，消除公众对电磁环境的认识误区和疑惑。

(8) 考核阶段

①将电网环保管理指标数据报电力公司同业对标办公室，同业

对标办公室根据评分标准计算指标得分，纳入县级供电公司同业对标考核。

②电力公司绩效考核办公室将电网环保工作考核纳入年度业绩考核。

2. 强化和完善项目环保设计

根据新修订的《建设项目环境保护管理条例》（国令第 682 号）、《国家电网公司电网建设项目水土保持管理办法》（国家电网科〔2017〕34 号）、《国家电网公司电网建设项目环境影响报告书编报工作规范（试行）》（国家电网科〔2017〕590 号）等文件规定，电网建设项目环境影响评价审批时段、报批要求均发生了变化。国网湖北省电力公司为了更好地适应电网建设项目环境保护、水土保持管理最新要求，在工程设计中落实好防治环境污染和生态破坏的措施以及设施，提升电网建设项目环境保护水平，2017 年 10 月 9 日以科信〔2017〕14 号文下发了《关于规范电网建设项目可行性研究、初步设计环境保护及水土保持篇章编制与审查工作的通知》，对电网项目可研、初设环保及水保篇章编制与审查工作的有关要求进行了明确的规范。

为贯彻落实电网项目（含新建、改扩建、线路迁改工程）“三同时”制度，项目配套建设的环保（水保）设施必须与主体工程同时设计。在可研和初设的报告中设置环保（水保）章节，落实防治环境污染和生态破坏的措施，并将环保（水保）投资列入主体投资。

编制好的可研及初设环保（水保）章节将由省级经研院或各地市级经研院组织进行审查（内审），并将审查结论纳入工程可研及初设审查意见。可研、初设环保（水保）篇章审查技术要点见表 6.1 和表 6.2。各单位环境保护归口管理部门都须参与电网建设项目可研及初设审查，对于电磁环境、声环境、水环境等环境因子超标、危废处置设施不符合环保要求以及影响取得环评批复的关键问题，在可研阶段、初设阶段及时向相关管理部门反馈，在设计阶段提早整改，尽可能减少工程初设批复后再调整设计方案。

表 6.1 可研环保（水保）篇章审查技术要点

序号	审查内容	审查要点
1	环境敏感区分布情况	复核区域内主要自然保护区、饮用水源保护区、风景名胜区、世界自然和文化遗产地是否漏项
		是否办理相关协议，相关协议是否满足支撑环评开展的要求
		穿越自然保护区、风景名胜区和世界自然文化遗产地的唯一性论证理由是否充分，是否存在替代方案
2	噪声影响分析及防治设施	确定的声环境质量标准、噪声排放标准是否符合标准规范
		改扩建工程是否调查了现有工程噪声排放现状、敏感点声环境质量达标现状，调查结果是否合理可靠
		是否结合排放现状进行了降噪设计，降噪方案是否技术可行、经济合理和稳定达标
3	危废防范设施	是否明确事故油池容积设计要求及其与环保要求是否相符，是否设有油污排放处理装置
4	污水防治设施	是否为雨污分流体制
		生活污水回用的可行性和可靠性
5	生态敏感区污染防治措施	跨越位置是否合理
6	环保投资估算	是否计列生态敏感区专题评价费用，是否计列生态补偿费用
		是否计列降噪工程费用
		其他环保设（措）施费用是否计列齐全
7	结论	对下阶段设计建议是否明确合理 对生态敏感区环境影响评价的建议是否合理可行

表 6.2　　　　**初设环保（水保）篇章审查技术要点**

序号	审查内容	审查要点
1	与可研阶段的工程变动情况	工程变动分析是否附前后对比图件
		工程变动是否对照环保部门变动界定要求，反馈到环评文件中
		工程变动是否造成重大变动
2	噪声影响防治设施	确定的声环境质量标准、噪声排放标准是否符合标准规范
		改扩建工程是否调查了现有工程噪声排放现状、敏感点声环境质量达标现状，调查结果是否合理可靠
		是否结合排放现状进行了降噪设计，降噪方案是否技术可行、经济合理和稳定达标
3	危废风险防范设施	事故油池容积设计是否满足 100% 事故油收集储存要求
		事故油池排放口设计是否满足环保要求
4	污水防治设施	是否为雨污分流体制
		生活污水排放是否满足受纳水体标准
		生活污水回用的可行性和可靠性
5	生态敏感区污染防治措施	跨越位置是否合理，生态恢复措施设计是否符合生态敏感区管理要求
6	水土保持措施设计	水土保持措施设计是否与主体工程设计充分对接
		水土保持工程措施、植物措施的针对性
7	环保投资概算	计列概算费用是否符合取费定额
		其他环保设（措）施费用是否计列齐全
8	结论	对下阶段设计建议是否明确合理

3. 妥善处理环评变更问题

电网建设项目在初步设计、施工设计阶段，经常由于输电路径问题更改工程设计，如果发生重大变动后不及时履行变更环评手续，容易导致工程项目产生“未批先建”的环保违法风险。电网公司则可以通过梳理变更环评工作节点，建立电网项目变更环评流程化管理机制，从项目初步设计开始，规范由项目代建、业主、设计、环评、监理等多单位人员共同参与的项目变更环评工作流程，明确项目变更环评管理中的“职、责、权”，核实项目初步设计、施工设计与环评阶段工程规模、站址、路径及环保措施变动情况，开展去年报备或补办环保手续工作，形成完善的管理链条，有效规避电网建设项目存在“未批先建”的潜在法律风险，确保项目依法合规及顺利通过政府主管部门环保验收。为此设计了变更环评管理专业流程，如图 6.2 所示。

（1）环评复核阶段（节点 1~9）

①编制环评复核工作流程：梳理环评复核工作节点，制定了由项目业主、代建、设计、环保咨询、施工、监理等多单位人员共同参与的项目环评复核工作流程。

②建立常态工作机制：下发关于进一步加强电网建设项目环境保护管理的通知，要求严格按照省电力公司变更环评指导意见、省环保厅进一步调整建设项目环境影响评价分级审批权限的通知要求开展电网项目环保工作，明确项目业主、代建、设计、环评、施工、监理等多单位人员的职责权限，理顺新模式下的环保审批工作流程，确保环保审批工作顺利进行。

③严格三个阶段的环评复核：一是初步设计阶段，核实项目初步设计与环评报告中工程规模、站址、路径、环保措施等变动情况。二是施工设计阶段，核实项目施工设计与环评报告中工程规模、站址、路径、环保措施等变动情况。三是施工阶段，施工单位、监测单位及公司项目管理部门、环保规划管理部门多方关注、信息共享、加强沟通，一旦发现项目站址、线路路径及环保措施等发生变更，环保规划管理部门立即组织环评咨询单位、项目设计单位等共同开展环评复核工作。

④关键节点：节点 7、10 是项目环评复核的关键点。此阶段主要复核事项：一是项目初步设计、施工设计及施工阶段是否存在项

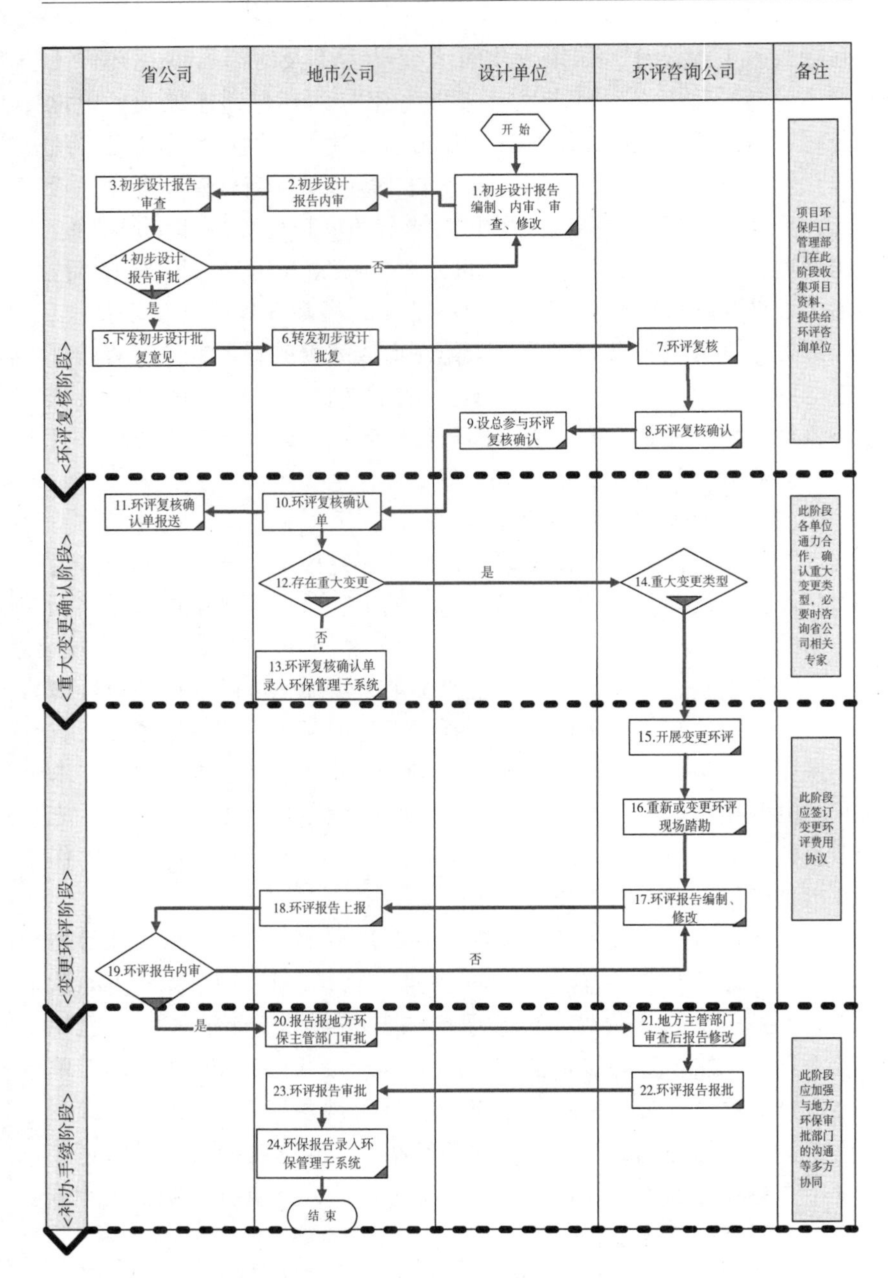

图 6.2　电网建设变更环评管理流程图

目规模、站址、路径及环保措施变动，二是项目具体变化是否符合环境保护管理的要求，三是核实项目发生变更的量化指标是否与项目变更环评指导意见相符。

⑤亮点：建立常态工作机制，严格初步设计、施工设计及施工过程中三个阶段的环评复核，确保环保管理人员随时掌控项目变更情况。

（2）确认重大变更阶段（节点 10~14）

①判断是否存在重大变更：对照省电力公司变更环评指导意见，多方人员共同参与，结合项目变化的具体指标、敏感点增减等情况，判断项目是否存在重大变更以及重大变更项的数量。

②环评复核确认单：环评咨询单位、业主环保规划管理部门共同出具环评复核确认单，履行双方单位盖章手续，环评复核确认单录入环保管理子系统。

③关键节点：节点 11、14 是确认项目重大变更的关键点。此阶段主要确认项目变化是否发生重大变更以及发生重大变更的项数，确认项目向当地政府环保主管部门报备还是开展变更环评或项目重新开展环评的依据，以便及时开展下一步工作。

④亮点：深化环评复核确认单信息化工作，环评复核确认单履行双方单位盖章手续，环评复核确认单录入环保管理子系统。

（3）变更环评阶段（节点 15~20）

①严格变更环评工作流程：项目属地单位（县公司）配合环评咨询单位开展变更环评现场踏勘，新增敏感点现状环境监测，重新取得规划部门对变化后站址、路径等的意见，编制变更环评报告。与环评咨询单位签订变更环评费用调整协议，确保变更环评咨询费用列入项目中。

②严格项目变更向环保主管部门报备：若项目发生一项重大变更，且是向对环境有利的方向变化，环保规划管理部门与环保主管部门、属地环保局加强沟通，取得理解和支持后，向环保主管部门报备项目变更情况，便于项目投运后顺利通过环保验收。

③关键节点：节点 17、20 是变更环评的关键点。此阶段应精心编制变更环评报告，新增环境敏感点的现场勘探、监测作为主要

关注点。变更环评报告编制完成后，项目环保规划管理部门组织设计人员、项目管理部门人员、环评咨询单位对项目变更环评报告进行内审，进一步核实项目变更情况，确保报告顺利得到批复。

④亮点：项目变更向环保主管部门报备工作，保障输变电工程路径比可研阶段减少 35%，无新增敏感点，经与属地环保局沟通，属地环保局同意该项目可不开展变更环评，可在环保验收调查阶段一并解决。

（4）补办手续阶段（节点 21~24）

①主动与地方环保审批部门沟通：项目变更环评内审后，经过省电力公司预审、修改，在报地方环保审批部门前，先行沟通项目变更情况，送审函行文报送，确保项目变更环评得到地方政府环保主管部门受理。

②开展变更环评工作自查：开展电网建设项目环评复核自查，提前发现电网建设项目是否存在重大变更情况，根据自查结果开展变更环评工作，确保发生重大变更的电网项目顺利开工建设，消除项目“未批先建”的环保违法风险。

③关键节点：节点 24 是补办手续的关键节点。在变更环评报告审批过程中，应注重与地方环保审批部门、环评咨询单位、审查专家的沟通协调，及时按专家意见修改报批。

4. 加强施工期环境管理

建设项目配套建设的环保（水保）设施必须与主体工程同时设计、同时施工、同时投入运行。要确保“三同时”制度的落实。

施工准备阶段环境监理机构应介入，对主体设计、环境保护措施（设施）设计、环境现状、涉及敏感区进行核实，若发现环境影响评价文件及批复文件存在不利于环境保护的一般变动时，应从工程技术、经济、环境保护等方面复核变动必要性。确需变动的，环境监理机构应相应调整监理范围、监理方法和监理内容等，并提请建设单位采取必要措施。

施工期环境监理总体工作程序包括签订合同、成立环境监理机构、收集资料及编制环境监理规划、工作实施、工作总结、档案整理移交等环节，主要工作流程见图 6.3。

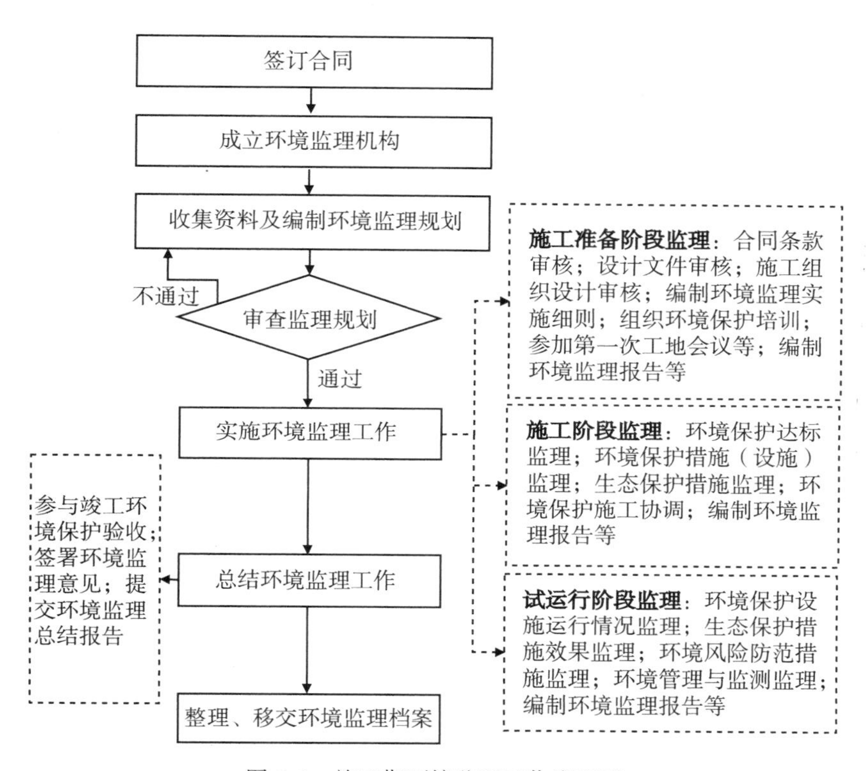

图 6.3　施工期环境监理工作流程图

环境监理采取现场研究工作的方式，包括现场巡视检查、旁站、见证、记录与报告，环境监测，召开工作会议，发布文件，协调公众参与等，并对开展工作的方式作具体的说明和规定。

当主体工程发生重大变动时，建设单位应将设计变更文件报环境监理机构审核。环境监理机构重点对变更后变电站站址、线路路径及敏感区等情况进行审核，并发《环境监理工作联系单》告知设计单位、建设单位审核。经审核同意，环境监理机构提请建设单位履行相关环保手续，并依据重新报批或补充报批后的环评文件及批复要求，组织编制工程变动部分的环境监理实施细则，相应调整环境监理工作内容。若审核不同意，环境监理机构要在联系单中书面告知建设单位原因，并提出可行的调整建议。

当环保措施（设施）发生重大变动时，建设单位、施工单位或设计单位应将环保措施（设施）变更文件提交环境监理机构审核。环境监理机构重点审核变更后的电磁、噪声及废污水达标排放情况，固体废物处置情况及生态植被恢复情况，发联系单告知建设单位、设计单位或施工单位。经审核同意，环境监理机构提请建设单位履行相关环保手续。若审核不同意，则环境监理机构在联系单中书面告知建设单位原因，并提出可行的调整建议。

5. 依法履行竣工环保验收

电网建设项目竣工环保验收工作是指电网建设项目竣工投产前后，由项目建设管理单位提出验收申请、环保归口管理部门负责组织实施、环保验收调查单位开展现场验收调查、项目建设管理单位完成整改完善、建设单位组织验收的一项多方协同配合开展的工作，主要目标是确保公司电网建设项目符合国家环保验收标准并通过建设单位组织的自验收。

（1）商定工作流程

将电网建设项目竣工环保验收工作分为三个阶段：环保初检、验收调查、环保验收，整体工作程序及各阶段主要工作内容如图6.4所示。电网建设项目竣工投产前后，由项目建设管理单位提出验收申请，然后由环保归口管理部门负责组织实施，委托环保调查单位开展现场验收调查和环保验收初检工作，根据检查情况提出问题清单。运维检修部组织开展生产验收时通知环保管理部门参加，环保管理部门将环保问题提交生产验收委员会，通知项目建设管理单位完成整改完善，整改完成后由环保归口管理单位组织自验收。

（2）明确部门职责

在国网湖北省电力公司层级，明确了科信部、建设部、运检部、物资部等部门环保验收工作具体职责；在供电公司层级，明确了发策部、建设部、运检部等部门环保验收工作具体职责；在电力公司所属相关业务支撑、运行单位层级，明确了国网湖北检修公司、国网湖北中超公司（省建设管理中心）、国网湖北经研院、国网湖北电科院等单位相关部门环保验收工作具体职责。

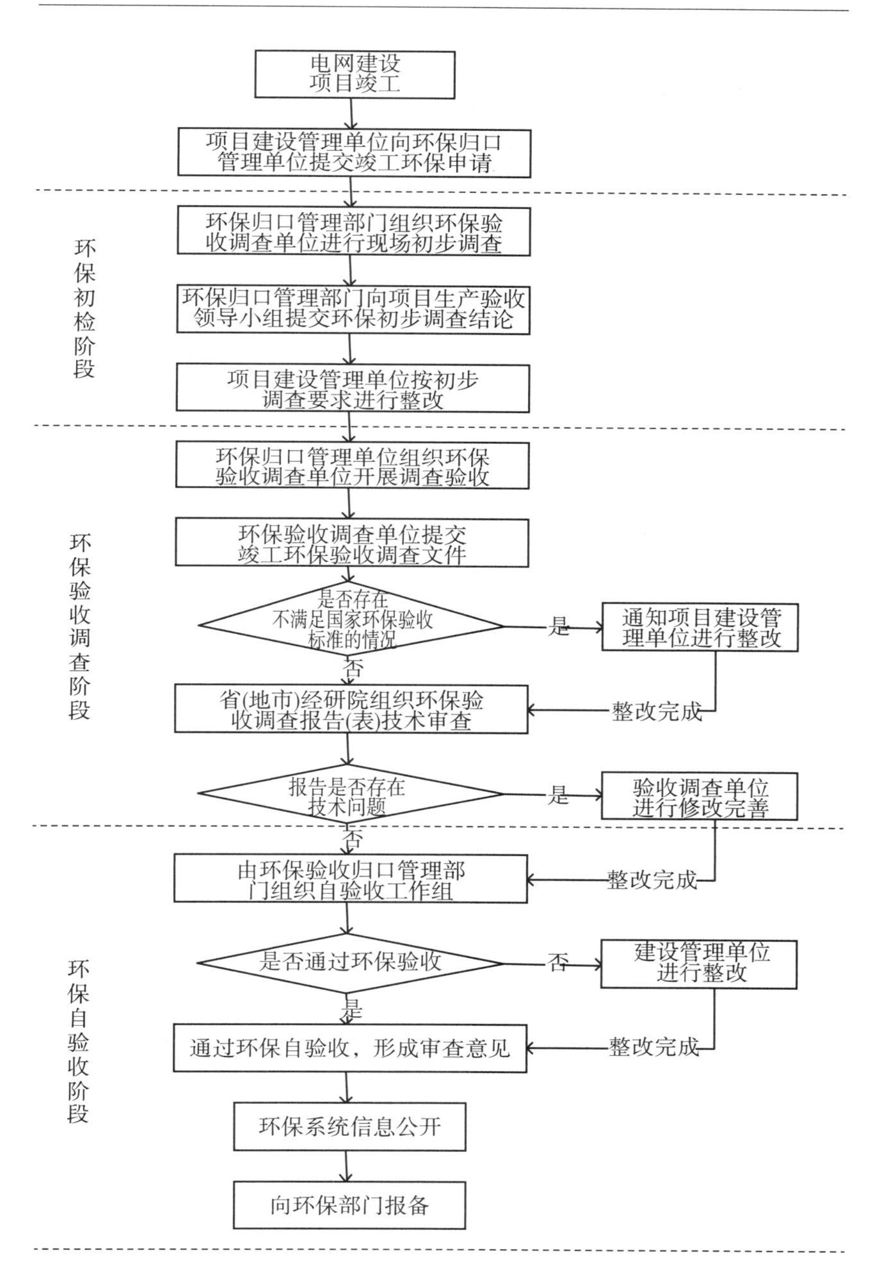

图6.4　电网建设项目竣工环保验收流程

（3）细化工作标准

为指导竣工投产验收时环保初检，编制电网建设项目竣工环保初检检查表，将工程设计、施工中环评报告及其批复文件的落实情况作为检查重点，包括环评变更复核情况、环保设施建设及环保措施落实、环境敏感区避让、工程（环保）拆迁及迹地恢复情况、环境监测报告等。某变电站环保检查内容如图6.5所示。

6. 开展运行期环境监测

（1）技术支撑单位

国网湖北电科院是国网湖北省电力公司（以下简称“省公司”）环保监督管理工作的技术支撑单位，在省公司环境保护领导小组办公室的领导下开展运行期环保技术监督和技术支撑工作。主要职责：运维检修阶段环保设施运行维护、运行期环境监测、检修管理、超标治理的监督。负责六氟化硫气体回收处理和循环再利用的技术监督，负责公司环境监测中心站的运行维护。负责公司环境纠纷监测、环境污染治理复核监测；负责公司环境污染应急抢险救灾、救援工作的分析，提出应急处置建议；参与公司环境污染和生态破坏事故调查，并负责技术方面的调查工作。

省公司运检部协助监督各单位环境监测、环境保护设施运行维护（含运行巡视、性能检测和维护）、环境污染治理及废旧物资处置工作计划的落实，依法合规做好废油、废气、废蓄电池管理，建立相关台账，严格过程管控。负责环境污染治理项目立项、实施及落实。

国网湖北检修公司是公司500kV及以上变电站及线路运行维护单位，负责管辖设备运行维护中环境保护工作。负责管辖输变电设施的环境监测、环保设施运行维护及环境污染治理工作计划编制、上报和实施。

（2）例行监测

电网建设项目在建成投运2年后列入省公司滚动监测计划，每4年监测一次。对110kV及以上变电站（换流站、开关站、串补站）和输电线路的工频电场、工频磁场、合成场强、噪声、废水等环境影响因子定期开展运行期监测，做好监测记录和报告的存档，

电网建设项目竣工环保初检检查表

<table>
<tr><td>项目名称</td><td colspan="5">220kV ×××输变电工程</td></tr>
<tr><td>电压等级</td><td>220kV</td><td>建设单位</td><td>××供电公司</td><td>检查时间</td><td></td></tr>
<tr><td>检查人员</td><td colspan="5">××</td></tr>
<tr><td>序号</td><td colspan="3">内　容</td><td>是否通过</td><td>问题描述</td></tr>
<tr><td>1</td><td colspan="3">应拆迁的建筑物是否已完成拆迁？拆迁后，迹地恢复是否落实到位？</td><td>是</td><td>无拆迁</td></tr>
<tr><td>2</td><td colspan="3">对于工程重大变更是否及时履行环保、水保相关手续（包括主体设计方案的变更、环保水保措施的变更、环境敏感目标的变更等）？</td><td>是</td><td>主变容量、输电线路及路径变更，已补充环评并取得批复。</td></tr>
<tr><td>3</td><td colspan="3">污水处理系统是否满足初步设计要求？</td><td>否</td><td>因地埋式一体化消防自动恒压给水设备未施工完，污水处理设施暂未施工。</td></tr>
<tr><td>4</td><td colspan="3">事故油收集系统是否满足初步设计要求？</td><td>否</td><td>变压器绝缘油质量为64t，事故油池容量为50m^3，不能满足使用要求。（未见初设资料）</td></tr>
<tr><td>5</td><td colspan="3">是否合理设计并修建挡墙、护坡、截（排）水沟等设施？</td><td>是</td><td>无设计相关设施。</td></tr>
<tr><td>6</td><td colspan="3">建筑垃圾和生活垃圾是否分类存放并及时清运？</td><td>否</td><td>站内及围墙外有大量建筑垃圾及弃土，应及时清理。</td></tr>
<tr><td>7</td><td colspan="3">站区、进站道路绿化率是否符合要求？</td><td>否</td><td>站区内外施工未完成，无绿化。</td></tr>
<tr><td>8</td><td colspan="3">取、弃土场（若有）是否进行有效防护？</td><td>否</td><td>施工弃土场无防护。</td></tr>
<tr><td>9</td><td colspan="3">施工临时占地是否及时恢复？</td><td>否</td><td>工程结束后应对临时用地与硬化层及时清理，并恢复植被。</td></tr>
<tr><td>10</td><td colspan="3">环评报告、水保方案及其批复文件中其他相关措施是否得到落实？</td><td>否</td><td>污水处理设施未施工。</td></tr>
<tr><td>结论</td><td colspan="5">组长签字</td></tr>
</table>

图 6.5　某 220kV 变电站竣工环保验收环保检查表示意图

建立环境监测数据库。

（3）日常运行维护

电网项目投运后应制定环保设施（降噪、废水处理设施、事故油池等）和废油废旧蓄电池废绝缘子暂存场所运行管理制度。环保设施应确保正常运行，不得擅自停运。检修及生产运行中产生的废油、废旧蓄电池、废绝缘子等，应按照《国网科技部关于印发国家电网公司电网废弃物环境无害化处置及资源化利用指导意见的通知》做好收集、暂存及处置工作。检修设备六氟化硫气体应按照《国家电网公司六氟化硫气体回收处理和循环再利用监督管理办法》进行回收、运输、领用、回充、数据统计及录入等工作，实现气体循环再利用。

应定期巡视，开展性能检测，记录环保设施运行状况。并根据性能检测报告，安排环保设施修复或技改工作。

（4）环境污染超标治理

对于电网工程运行设备、集中办公区环境影响因子（噪音、电磁、废水等）超标扰民的，应限期整改。环境污染超标治理按照公司大修技改管理要求进行，工作流程遵循生产单位申请、国网湖北电科院复核、省公司审定等程序。500kV 及以上电网项目由省检修公司制订超标治理计划报省公司核定。

电网建设项目应加强环境污染超标治理工程监督管理，确保环境污染超标治理按时高质量完成，并切实开展环境污染超标治理工程验收，确保电网工程运行期污染物的达标排放。

7. 强化环保管理考核制度

项目环保归口管理部门应做好环评报告及环评批复文件、环保验收意见、批复文件等资料的管理和归档工作，及时统一录入公司环保管理子系统，作为公司环保工作统计考核的依据。同时，将电网建设项目全过程环保管理纳入公司年度环保工作考核、单位领导班子业绩考核及公司“同业对标”考核范畴，省级电力公司科信部按季度发布全省电网建设项目环保管理工作统计考核情况。绩效评价指标如表 6.3 所示。

表 6.3 **绩效评价指标**

序号	指标名称	指标单位	指标定义和计算方法	统计口径及数据来源	评价方法	作为评价指标存在的难点及主要问题
一、电网建设项目环保管理规范性指标（该指标权重值或占比为 0.3）						
电网建设项目环保管理规范性指标＝0.05×环保设施验收率+0.05×水保设施验收率+0.1×竣工环保设施自验率+0.1×竣工水保设施自验率+0.15×环境监理合规率+0.2×生态专题开展指数+0.2×涉重大变动工程环保手续履行指数+0.15×规划项目环保管理指数						
1	环保设施验收率	%	环保设施验收率＝100×本年度开展环保设施验收项目/本年度应该开展环保设施验收项目	110kV 及以上电压等级电网建设项目统计数据来源于环保管理子系统以及上报的计划及统计报表	采用正态分布法、五分位法、四分位法、归一法、指标值分段法或饱和值法等方法进行评价	目前，国家相关环保法律法规尚未出台，国网公司内部尚未实施
2	水保设施验收率	%	水保设施验收率＝100×本年度开展水保设施验收项目/本年度应该开展水保设施验收项目			
3	竣工环保验收自验率	%	竣工环保验收自验率＝100×本年度开展竣工环保自验收项目/本年度应该开展竣工环保自验收项目			
4	竣工环保验收自验率	%	竣工环保验收自验率＝100×本年度开展竣工环保自验收项目/本年度应该开展竣工环保自验收项目			

续表

序号	指标名称	指标单位	指标定义和计算方法	统计口径及数据来源	评价方法	作为评价指标存在的难点及主要问题
5	环境监理合规率	%	环境监理合规率=100×（0.3×（已开展环境监理的500kV输变电工程数量/年度500kV输变电工程开工数量）+0.7×（已开展环境监理的500kV以下输变电工程数量/年度500kV以下输变电工程开工数量）	110kV及以上电压等级电网建设项目统计数据来源于环保管理子系统以及上报的计划及统计报表	采用正态分布法、五分位法、四分位法、归一法、指标值分段法或饱和值法等方法进行评价	目前国网公司只对500kV及以上工程提出了环境监理要求，对其他电压等级项目未作要求，且不同地区500kV及以上项目数量不一，不能公平评价
6	生态专题开展数量	%	生态专题开展数量，本年度每开展1项生态专题得5%，最高不超过40%			一般来说，不涉及生态敏感区，不涉及重大变更较好
7	涉重大变动工程环保手续履行数量	%	涉及重大变更且已履行环保变更手续输变电工程数量每增加1项得3%，最高不超过60%			
8	规划项目环保管理指数	%	规划项目环保管理指数=开展电网规划地区/地区数量			目前，仅有部分地区在开展规划环评工作

续表

序号	指标名称	指标单位	指标定义和计算方法	统计口径及数据来源	评价方法	作为评价指标存在的难点及主要问题
二、环保技术监督指标（该指标权重值或占比为 0.25）						
环保技术监督指标=0.25×项目计划开展技术监督完成率+0.25×重点项目投产验收技术监督检查完成率+0.3×噪声例行监测率+0.1×电磁环境监测指数+0.1×外排废水监测指数						
9	项目开展技术监督完成率	%	项目开展技术监督完成率=100×开展环保技术监督工作项目数量/年度开工项目数量	110kV 及以上电压等级电网建设项目统计数据来源于公司下达计划及统计报表	采用正态分布法、五分位法、四分位法、归一法、指标值分段法或饱和值法等方法进行评价	指标进行融合，使其具有可计量和可操作性，能够客观评价
10	重点项目投产验收技术监督检查完成率	%	重点项目投产验收技术监督检查完成率=100×当年投产验收且完成技术监督的重点项目/全部重点项目数量			
11	噪声例行监测率	%	噪声例行监测率=100×开展噪声监测变电站/变电站总数			—
12	电磁环境监测指数	%	电磁环境监测指数=100×（0.5×（开展电磁环境监测的变电站个数/110kV 及以上变电站总数）+0.5×（开展电磁环境监测的输电线路长度/110kV 及以上输电线路总长））			电磁环境监测值一般不会变化，不需要多次监测
13	外排废水监测指数	%	对于有人值守的变电站或换流站，开展外排废水监测的站点数量，每开展 1 个变电站（换流站）废水监测，加 5%，累积不超过 100%			—

续表

序号	指标名称	指标单位	指标定义和计算方法	统计口径及数据来源	评价方法	作为评价指标存在的难点及主要问题
三、污染物治理指标（该指标权重值或占比为 0.25）						
污染物治理指标＝0.3×变电站噪声超标治理率+0.25×废水治理指数+0.25×固体废弃物处置指数+0.2×六氟化硫回收利用指数						
14	废水治理指数	%	废水治理指数＝100×（0.5×（有人值守变电站生活污水收集量/生活污水总量）+0.5×（含油废水收集处理量/含油废水总产生量））	统计省（直辖市、自治区）公司运维和调度范围内 35kV 及以上变电站	采用正态分布法、五分位法、四分位法、归一法、指标值分段法或饱和值法等方法进行评价	该指数计算难以定量统计
15	变电站噪声超标治理率	%	变电站噪声超标治理率＝100×经治理噪声达标变电站/噪声超标扰民变电站总数			受上报数据准确性影响较大，较难对其进行核实
16	六氟化硫回收利用指数	%	六氟化硫回收利用指数＝100×（0.5×（回收的六氟化硫总量/六氟化硫使用量）+0.5×（循环利用六氟化硫量/回收的六氟化硫总量））			该指数计算难以定量统计
17	固体废弃物处置指数	%	固体废弃物处置指数＝100×（0.5×（经过处理或回收的废油/废油总量）+0.5×（经过回收的废蓄电池/每年废蓄电池总产生量））			该指数计算难以定量统计

续表

序号	指标名称	指标单位	指标定义和计算方法	统计口径及数据来源	评价方法	作为评价指标存在的难点及主要问题
四、信息化系统应用指标（该指标权重值或占比为0.2）						
信息化系统应用指标=0.5×信息系统录入数据完整率+0.5×信息系统录入数据准确率						
18	信息系统录入数据完整率	%	信息系统录入数据完整率=实际录入数据量/环保管理系统各模块要求按时录入数据总量	环保管理信息系统	采用正态分布法、五分位法、四分位法、归一法、指标值分段法或饱和值法等方法进行评价	数据录入如何保证客观及准确？
19	信息系统录入数据准确率	%	信息系统录入数据准确率=对于环保管理信息系统各模块填报的数据，各单位负责保证其准确性			

管理考核细则及有关的配套标准或规章制度如下：

①《中华人民共和国环境保护法》；

②《湖北省环保厅关于进一步调整建设项目环境影响评价分级审批权限的通知》（鄂环发〔2015〕11 号）；

③《国家电网公司电网建设项目环境影响评价管理办法》（国家电网科〔2015〕1225 号）；

④《国网湖北省电力公司环境保护管理办法》（鄂电司科信〔2011〕2 号）；

⑤《国家电网公司输变电工程环境监理规范》（国家电网企管〔2016〕521 号）；

⑥《国家电网公司环境保护监督规定》(国家电网企管〔2014〕455 号)；

⑦《国网湖北省电力公司关于加强 110kV 及 220kV 电压等级电网建设项目环保管理的通知》（科信〔2015〕16 号）；

⑧《国网湖北省电力公司环境保护工作考核办法》（鄂电司科信〔2010〕85 号）；

⑨《国网湖北省电力公司输变电工程概算编制细则》（鄂电司建设〔2014〕31 号）；

⑩《国网湖北省电力公司电网建设项目工程变更环评指导意见（试行）》(鄂电司科信〔2012〕72 号)。

专业管理信息支持系统如下：

①国家电网公司环境保护管理子系统；

②国家电网公司协同办公系统；

③ERP 系统；

④经法系统；

⑤电力调度管理系统；

⑥生产管理系统。

6.2　电网工程“公众接受”的解决方案

公众是拟建项目成功或者失败的唯一最大决定性因素。随着人们日益增强的环保意识和对输变电工程越来越高的环保要求，越来越多的环境问题和纠纷也随之产生。积极地同公众沟通，为电力行业树立良好的社会形象，对于推动电力行业的和谐良性发展有着重要意义。因此，公众对项目建设的参与应从项目开始处置规划开始，全程贯穿，直至项目选址、建设、运营乃至服务期满后的评估。

6.2.1 加大科普宣传

要做好电网环保的宣传工作，普及环境科学知识。要加强政府、电力企业与公众三者间信息的沟通与交流，使公众及时了解项目建设的必要性、工程选址的合理性以及工程是否符合国家环境保护要求等信息，积极争取政府和公众对电网发展的支持和理解。

另外，也要提高各级政府部门、环保部门和司法部门对工频电磁场的正确认识和理解，使其能够科学地处理电磁环境问题引发的纠纷。主动向各级政府和主管部门汇报，取得理解和共识，建立互信、合作的工作关系，在各级政府及主管部门的正确指导和支持下，积极做好环保纠纷协调处理各项工作。探索与环保主管部门建立输变电环保纠纷处理协调联动机制，及时交流信息，共同研究分析，妥善处理纠纷。努力争取电力主管部门的支持，促使其在输变电工程建设、环保宣传、电磁环境标准制定等方面发挥应有的协调作用。

在普及环境科学知识时，可以在项目建设附近的小区或者公共区域张贴海报，海报可以以动画的形式，生动形象地介绍科学知识，浅显易懂，并且定期更新。也可以制作播出宣传电网公益特点的广告、播放电网环保电视宣传片、印制发放宣传手册、集中开展宣传活动等方式进行宣传。在传统媒体、网络媒体以及环保社会组织的平台上传播、宣传输变电设施的公益性、基础性，系统阐述其经济、社会及环境价值。充分利用网站、数字社交媒体等，增强与公众的互动。举办输变电设施相关知识专题系列讲座，带领公众实地探访变电站、现场测量工频电场和工频磁场的强度，由专家对现有政策措施以及公众的疑问予以解释。

市民代表参观变电站并进行实地测量如图6.6所示。

(a)

(b)

图6.6 市民代表参观变电站并进行实地测量

另一方面，由于部分媒体的片面宣传，导致公众容易产生"谈辐色变"的心理。针对媒体发布的负面消息，要及时采取措施，变被动为主动，努力消除对电网建设和企业形象的不利影响。

电网还需预先了解媒体的态度，积极与媒体进行沟通和合作，对他们讲解相关科学知识，建立协调联动机制，进行大力宣传。

6.2.2 强化公众参与度

1. 建立信息公开机制

将项目实施期间通过政府审批的文件公开透明化，确保公众的知情权、参与权和监督权。在不同阶段承担项目规划、选址、设计、建设、运营的机关或单位，应及时发布项目设施规划与项目相关信息，保证公众参与的信息基础。具体实施细则依据《中华人民共和国政府信息公开条例》。

（1）项目初期

项目初期的规划选址与设计阶段可以开展五次信息公开。

①项目规划期发布信息；

②初步选址方案完成后发布信息公告；

③项目可行性报告完成后发布信息公告和项目可行性报告简本；

④确定承担设施环境影响评价工作的环评咨询公司后发布信息公告；

⑤环评报告审批前发布信息公告。

（2）项目建设阶段

项目建设阶段也需发布两次信息公告，第一次信息公告的内容主要包括项目施工的工程内容和工期、工程施工承担单位及联系方式、施工期间的可能影响以及公众投诉沟通的渠道方法等。第二次信息公告的内容主要包括项目施工实施情况简介、施工过程影响减缓措施的实施与效果、设施运营商及其联系方式以及下一阶段投产运营计划等。

（3）项目后期

项目后期运营期间，要定期发布设施运营情况和环境信息公开报告。主要包括：项目运行计划；设施管理制度与机制；设施应急预案；环境影响评价报告中所提环境影响减缓措施落实情况；运营阶段可能产生的对周围生态环境、公众生活、经济活动等的影响；

计划采取的影响减缓措施；公众提交对设施运营影响进行投诉与沟通的渠道与方法；运营阶段拟公开的信息内容、时间与方式；公众索要设施相关信息的联系方式。

2. 公众意见收集

公众意见的收集可以通过问卷调查以及开展座谈会、论证会、听证会等方式实现。

（1）问卷调查

问卷调查可以分为书面问卷调查和网络问卷调查两种形式。书面问卷调查可以在项目相关活动现场开展，或者对设施周围区域范围内公众整体进行科学抽样后开展。网上问卷调查较之书面问卷调查，具有成本低、受时空限制小、范围广等优点，可通过公共网站或者电网建设专题网站或者当地环保部门主页等相关专业网站提供网上问卷调查链接开展。调查问卷应设计成封闭式和开放式问题相结合的形式，前者针对公众对设施所持的态度进行提问，后者则用于征集公众的意见。应该注意，项目规划、选址、建设和运营期等不同阶段的问卷调查的主要内容应因调查目的不同而进行调整，侧重点有所不同。

问卷调查可以适当提高开放式问题的比例，有利于吸纳更多的建议。所设问题表述应该简单明确、通俗易懂，避免容易产生歧义的问题。

（2）座谈会

座谈会通常有 6~10 人参与，为多人对某一主题的讨论。通过座谈会，电力公司或其他部门与公众之间可以有更好的互动，更加了解对方的意见和看法。针对项目设施管理中遇到的主要问题，双方可以有更加直接的讨论，有别于避免误会的产生。在项目建设全过程中不同阶段召开座谈会要遵循一定的原则，要确定与公众意见相一致的主题，确保意见的双向交流，确保座谈会根据实际需要而召开，确保座谈会流程正规公平。

（3）论证会

论证会是针对某种具有争议性的问题而进行讨论或辩论，并力争达成某种程度一致意见的过程。根据项目设施管理中遇到的主要问题，可设置明确的论证会议题，围绕核心议题展开讨论。论证会一般由电网公司规划部门、建设单位、设施可行性研究承担单位、环评咨询公司等主持。论证会的参加人主要为相关领域的专家、关注设施项目的研究机构、非政府组织中的专业人士和具有一定知识背景的受直接影响的单位和个人代表。论证会的规模不应过大，以15人以内为宜。

（4）听证会

听证会主要是针对某些特定问题公开倾听公众意见并回答公众的质疑，为有关的利益相关方提供公平和平等交流的机会。在项目规划、选址、环评等环节，有必要针对项目规划、项目选址、环境影响问题进一步公开与公众进行直接交流，这时可组织召开听证会。参加听证会的公民、法人或者其他组织，应当按照听证会公告的要求和方式提出申请，并同时提出自己所持意见的要点。听证会组织者应当综合考虑地域、职业、专业知识背景、语言表达能力、受影响程度等因素，在申请人中遴选参会代表，并在举行听证会的5日前通知已选定的参会代表。

3. 创新型沟通机制的建立

在邻避纠纷中，媒体的误导和对相关知识的不正确认识会带来很大影响。所以，对公众的宣传也要与时俱进，不断创新。基于网络的宣传具有更新快、成本低、针对性强的特点，对公众不但可以宣传到一些浅显易懂的科学知识，也可以做到简单的沟通。在这方面，微信号和网页论坛是一个很好的选择。

（1）创建微信号

微信号可以向公众科普相关知识，解释容易令公众产生误解的知识点；关于电网工程建设的相关信息可以在微信号上进行公示；当需要收集公众意见时，可以在微信公众号上开展网页问卷调查；可以于微信号上设置客服对于公众疑问进行解答。

（2）设计网页论坛

网页论坛可以较好地起到两个作用，即信息公开和沟通。

在网页上进行阶段性信息公开，可以及时得到公众的反馈，便于及时掌握公众的情绪。

在网页论坛中，不仅可以做到公众和建设单位的沟通，也可以引进政府，做到三方沟通。在整个沟通过程中可以做到公众全程监督，保证沟通的公开、透明、公正。

6.2.3　合理应对经济诉求

经济问题作为引发电网工程纠纷的主要因素之一，对其应做好妥善处理。除了上面提到的加大科普宣传、提高公众参与度之外，还应做好以下几点：

①政府要通过正确的价值观和树立合理的政策目标来达到实现公共利益的目的。同时应该加强政府的公信力，并且应构筑在法制的基础上，用法律的力量来保护公信力的成长。树立公信力要靠制度的完善，而制度的完善需要法律的保证。所以，只有法律健全并得到严格的执行，才能规范政府行为，保障社会公平正义，最后达到增强政府能力及化解邻避效应的目的。

②电网公司应加强对安全生产方面的监督和管理。对安全投入的增加和有效管理，不仅可以减少安全事故的发生，还能够从另一方面带来间接的经济收益。一旦事故率下降，公众就会产生一定的安全感。所以，对电力公司来讲，认真贯彻有关安全生产的法律法规、增大对经济的安全投入及有效的管理，不仅可以使电力公司得到一定的收益，还能够有效地解决邻避效应。

③要实现电网工程的顺利建设，必须充分考虑经济因素，实现安全建设。在建设过程中，既要付出一定的安全成本，又要实现一定的安全收益。其中，安全成本是指为达到安全的目的所消耗的时间、人力、物力和财力的总和；安全收益是指通过电网的建设来达到实现促进服务地区经济和生产增值的功能。

6.2.4　充分采纳公众意见

在项目建设初期规划、选址、建设、运营、后期维护等过程中，应设专人负责收集和整理公众发来的传真、电子邮件和问卷调查表等并记录有关信息。对问卷调查、传真、电子邮件（含电子邮件地址、时间等信息）、信函和座谈会、论证会、听证会等会议纪要妥善存档备查。

对于每一阶段的公众参与，首先要对所收集的公众意见进行有效性识别，然后对所收集的有效公众意见进行逐条回应，最后，编制各个阶段的公众参与意见与反馈汇编材料，并提供公众取阅。

第7章　总结和展望

随着我国城镇发展不断加快和公众的公共意识、环保意识、维权意识不断提高，涉及公用设施建设的邻避效应将日益增多。邻避效应已成为影响我国公用设施建设的重要因素之一。电网设施本是社会共同需要的公共物品，发展电网的本意是为了满足社会发展和人民群众的用电需求，解决人民群众日益增长的美好生活需要同不平衡不充分发展之间的矛盾。然而，邻避效应的影响容易造成电网规划建设陷入“既要建，而又不让建”的困境。

本书通过实地调研的方式，以近年来电网工程邻避效应为典型案例进行分析，得出了电网工程邻避冲突的风险源以及相关利益方的关系，建立了电网工程邻避效应风险模型，提出了创新型沟通共建机制。主要研究了电网公司应对邻避风险的“环境友好”“公众接受”的解决方案，旨在弱化电网工程邻避效应的不良影响，减少电网工程邻避冲突事件，破除电网工程建设因邻避效应而陷入的困境，促进公众意识与电网工程建设和谐发展。

通过对电网工程邻避效应典型案例进行系统分析发现，电网规划建设项目受阻，主要涉及三大利益主体，即电网企业、政府部门和人民群众。这三大主体都有一个共同的动机，那就是邻避。具体来说，就是各利益相关者的利益冲突、公共决策的合法性、公民维权意识的增强等自变量的变化，对公用设施建设管理模式产生了新影响。因此，在公用设施的邻避治理中，应着重思考如何构建利益主体沟通共建机制，同时也应该清醒地认识到，在规划电网工程时，应该拥有一个邻避效应风险模型，以便于寻求科学的治理对策。

在电网规划建设过程中，政府和电网企业都必须正视公众将电网设施视作邻避设施的看法，引入公众参与和协商民主的治理理念，引导公众参与到电网规划建设中来，让公众成为电网规划建设的主人，共同化解电网工程“既要建，而又不让建”的矛盾。

然而，在输变电工程的邻避研究中，还有很多问题需要解决。现行的国家法规标准不全让公司和政府在邻避冲突中处于被动位置。现行的《电磁辐射环境保护管理办法》内容滞后，难以执行，同时其中的部分内容容易引起公共误解，常常会成为邻避冲突的导火索。与此同时，电磁污染防护标准适用范围窄，与其他法律标准冲突，与国际标准存在差异，让电力公司和政府在建设中无法可依，在法律层面上容易让公众找到缺口，引起邻避冲突。加上电磁辐射和电离辐射科学概念模糊，网络上某些媒体出于增加阅读量而混淆概念，大肆宣传电磁辐射的危害，让公众容易对输变电工程闻之变色。

本书从公共利益最大化的角度出发，介绍电网工程邻避效应的研究方法，分析由电网工程引发的邻避效应事件的典型案例以及邻避效应风险模型与邻避效应各个利益主体之间的关系，研究如何在有关利益主体之间建立新型沟通机制，有效解决电网工程环境管理纠纷，从而力争达到全社会公共利益最大化，实现十九大构造的社会主义现代化强国的蓝图。

本书所提出建立的新型沟通机制需要政府等有关部门有力的政策、政府和建设单位规范的管理以及电网环保专业人员的技术支持，要坚持以习近平新时代中国特色社会主义思想为指导，做好立法、宣传、管理、技术和新问题研究等方面的工作，这对于创建环境友好型社会也具有重要意义。

附录1　电网建设项目里程碑计划进度表

20××年新开工电网项目建设里程碑计划进度表

序号	项目名称	建设规模		总投资	可研报告完成	可研审批完成	初设招标完成及初设开始	初设完成	初设审查完成	工程开工	土建施工(基础施工)	主设备到货完成	设备资料、停电计划及施工方案	设备安装(杆塔组立)	系统调试(放线施工)	其中停电时间	投产送电	资产移交	竣工结算完成时间	档案移交完成时间	竣工决算完成时间	环保、水保险收完成	工程审计完成时间
		线路	主变	合计																			
		公里	万千伏安	万元																			
主要责任部门					发策部	发策部	物资部	建设部	建设部	建设部	建设部	物资部	调控中心	建设部	建设部	调控中心	建设部	财务部	建设部	办公室	财务部	审计部	科信部
1																							
2																							
3																							

附录 2　中华人民共和国环境保护法

1989 年 12 月 26 日第七届全国人民代表大会常务委员会第十一次会议通过；

2014 年 4 月 24 日第十二届全国人民代表大会常务委员会第八次会议修订通过，自 2015 年 1 月 1 日起施行。

目　　录

第一章　总　　则

第一条　为保护和改善环境，防治污染和其他公害，保障公众健康，推进生态文明建设，促进经济社会可持续发展，制定本法。

第二条　本法所称环境，是指影响人类生存和发展的各种天然的和经过人工改造的自然因素的总体，包括大气、水、海洋、土地、矿藏、森林、草原、湿地、野生生物、自然遗迹、人文遗迹、自然保护区、风景名胜区、城市和乡村等。

第三条　本法适用于中华人民共和国领域和中华人民共和国管辖的其他海域。

第四条　保护环境是国家的基本国策。

国家采取有利于节约和循环利用资源、保护和改善环境、促进人与自然和谐的经济、技术政策和措施，使经济社会发展与环境保护相协调。

第五条　环境保护坚持保护优先、预防为主、综合治理、公众参与、损害担责的原则。

第六条　一切单位和个人都有保护环境的义务。

地方各级人民政府应当对本行政区域的环境质量负责。

企业事业单位和其他生产经营者应当防止、减少环境污染和生态破坏，对所造成的损害依法承担责任。

公民应当增强环境保护意识，采取低碳、节俭的生活方式，自觉履行环境保护义务。

第七条　国家支持环境保护科学技术研究、开发和应用，鼓励环境保护产业发展，促进环境保护信息化建设，提高环境保护科学技术水平。

第八条　各级人民政府应当加大保护和改善环境、防治污染和其他公害的财政投入，提高财政资金的使用效益。

第九条　各级人民政府应当加强环境保护宣传和普及工作，鼓励基层群众性自治组织、社会组织、环境保护志愿者开展环境保护法律法规和环境保护知识的宣传，营造保护环境的良好风气。

教育行政部门、学校应当将环境保护知识纳入学校教育内容，培养学生的环境保护意识。

新闻媒体应当开展环境保护法律法规和环境保护知识的宣传，对环境违法行为进行舆论监督。

第十条　国务院环境保护主管部门，对全国环境保护工作实施统一监督管理；县级以上地方人民政府环境保护主管部门，对本行政区域环境保护工作实施统一监督管理。

县级以上人民政府有关部门和军队环境保护部门，依照有关法律的规定对资源保护和污染防治等环境保护工作实施监督管理。

第十一条　对保护和改善环境有显著成绩的单位和个人，由人民政府给予奖励。

第十二条　每年 6 月 5 日为环境日。

第二章　监督管理

第十三条　县级以上人民政府应当将环境保护工作纳入国民经济和社会发展规划。

国务院环境保护主管部门会同有关部门，根据国民经济和社会发展规划编制国家环境保护规划，报国务院批准并公布实施。

县级以上地方人民政府环境保护主管部门会同有关部门，根据国家环境保护规划的要求，编制本行政区域的环境保护规划，报同级人民政府批准并公布实施。

环境保护规划的内容应当包括生态保护和污染防治的目标、任务、保障措施等，并与主体功能区规划、土地利用总体规划和城乡规划等相衔接。

第十四条　国务院有关部门和省、自治区、直辖市人民政府组织制定经济、技术政策，应当充分考虑对环境的影响，听取有关方面和专家的意见。

第十五条　国务院环境保护主管部门制定国家环境质量标准。

省、自治区、直辖市人民政府对国家环境质量标准中未作规定的项目，可以制定地方环境质量标准；对国家环境质量标准中已作规定的项目，可以制定严于国家环境质量标准的地方环境质量标准。地方环境质量标准应当报国务院环境保护主管部门备案。

国家鼓励开展环境基准研究。

第十六条　国务院环境保护主管部门根据国家环境质量标准和国家经济、技术条件，制定国家污染物排放标准。

省、自治区、直辖市人民政府对国家污染物排放标准中未作规定的项目，可以制定地方污染物排放标准；对国家污染物排放标准中已作规定的项目，可以制定严于国家污染物排放标准的地方污染物排放标准。地方污染物排放标准应当报国务院环境保护主管部门备案。

第十七条　国家建立、健全环境监测制度。国务院环境保护主管部门制定监测规范，会同有关部门组织监测网络，统一规划国家环境质量监测站(点)的设置，建立监测数据共享机制，加强对环境监测的管理。

有关行业、专业等各类环境质量监测站（点）的设置应当符合法律法规规定和监测规范的要求。

监测机构应当使用符合国家标准的监测设备，遵守监测规范。监测机构及其负责人对监测数据的真实性和准确性负责。

第十八条　省级以上人民政府应当组织有关部门或者委托专业机构，对环境状况进行调查、评价，建立环境资源承载能力监测预警机制。

第十九条　编制有关开发利用规划，建设对环境有影响的项目，应当依法进行环境影响评价。

未依法进行环境影响评价的开发利用规划，不得组织实施；未依法进行环境影响评价的建设项目，不得开工建设。

第二十条　国家建立跨行政区域的重点区域、流域环境污染和生态破坏联合防治协调机制，实行统一规划、统一标准、统一监测、统一的防治措施。

前款规定以外的跨行政区域的环境污染和生态破坏的防治，由上级人民政府协调解决，或者由有关地方人民政府协商解决。

第二十一条　国家采取财政、税收、价格、政府采购等方面的政策和措施，鼓励和支持环境保护技术装备、资源综合利用和环境服务等环境保护产业的发展。

第二十二条　企业事业单位和其他生产经营者，在污染物排放符合法定要求的基础上，进一步减少污染物排放的，人民政府应当依法采取财政、税收、价格、政府采购等方面的政策和措施予以鼓励和支持。

第二十三条　企业事业单位和其他生产经营者，为改善环境，依照有关规定转产、搬迁、关闭的，人民政府应当予以支持。

第二十四条　县级以上人民政府环境保护主管部门及其委托的环境监察机构和其他负有环境保护监督管理职责的部门，有权对排放污染物的企业事业单位和其他生产经营者进行现场检查。被检查者应当如实反映情况，提供必要的资料。实施现场检查的部门、机构及其工作人员应当为被检查者保守商业秘密。

第二十五条　企业事业单位和其他生产经营者违反法律法规规定排放污染物，造成或者可能造成严重污染的，县级以上人民政府环境保护主管部门和其他负有环境保护监督管理职责的部门，可以查封、扣押造成污染物排放的设施、设备。

第二十六条　国家实行环境保护目标责任制和考核评价制度。县级以上人民政府应当将环境保护目标完成情况纳入对本级人民政府负有环境保护监督管理职责的部门及其负责人和下级人民政府及其负责人的考核内容，作为对其考核评价的重要依据。考核结果应当向社会公开。

第二十七条　县级以上人民政府应当每年向本级人民代表大会或者人民代表大会常务委员会报告环境状况和环境保护目标完成情况，对发生的重大环境事件应当及时向本级人民代表大会常务委员会报告，依法接受监督。

第三章　保护和改善环境

第二十八条　地方各级人民政府应当根据环境保护目标和治理任务，采取有效措施，改善环境质量。

未达到国家环境质量标准的重点区域、流域的有关地方人民政府，应当制定限期达标规划，并采取措施按期达标。

第二十九条　国家在重点生态功能区、生态环境敏感区和脆弱区等区域划定生态保护红线，实行严格保护。

各级人民政府对具有代表性的各种类型的自然生态系统区域，珍稀、濒危的野生动植物自然分布区域，重要的水源涵养区域，具有重大科学文化价值的地质构造、著名溶洞和化石分布区、冰川、火山、温泉等自然遗迹，以及人文遗迹、古树名木，应当采取措施予以保护，严禁破坏。

第三十条　开发利用自然资源，应当合理开发，保护生物多样性，保障生态安全，依法制定有关生态保护和恢复治理方案并予以实施。

引进外来物种以及研究、开发和利用生物技术，应当采取措施，防止对生物多样性的破坏。

第三十一条　国家建立、健全生态保护补偿制度。

国家加大对生态保护地区的财政转移支付力度。有关地方人民政府应当落实生态保护补偿资金，确保其用于生态保护补偿。

国家指导受益地区和生态保护地区人民政府通过协商或者按照市场规则进行生态保护补偿。

第三十二条　国家加强对大气、水、土壤等的保护，建立和完善相应的调查、监测、评估和修复制度。

第三十三条　各级人民政府应当加强对农业环境的保护，促进农业环境保护新技术的使用，加强对农业污染源的监测预警，统筹有关部门采取措施，防治土壤污染和土地沙化、盐渍化、贫瘠化、石漠化、地面沉降以及防治植被破坏、水土流失、水体富营养化、水源枯竭、种源灭绝等生态失调现象，推广植物病虫害的综合防治。

县级、乡级人民政府应当提高农村环境保护公共服务水平，推动农村环境综合整治。

第三十四条　国务院和沿海地方各级人民政府应当加强对海洋环境的保护。向海洋排放污染物、倾倒废弃物，进行海岸工程和海洋工程建设，应当符合法律法规规定和有关标准，防止和减少对海洋环境的污染损害。

第三十五条　城乡建设应当结合当地自然环境的特点，保护植被、水域和自然景观，加强城市园林、绿地和风景名胜区的建设与管理。

第三十六条　国家鼓励和引导公民、法人和其他组织使用有利于保护环境的产品和再生产品，减少废弃物的产生。

国家机关和使用财政资金的其他组织应当优先采购和使用节能、节水、节材等有利于保护环境的产品、设备和设施。

第三十七条　地方各级人民政府应当采取措施，组织对生活废弃物的分类处置、回收利用。

第三十八条　公民应当遵守环境保护法律法规，配合实施环境保护措施，按照规定对生活废弃物进行分类放置，减少日常生活对环境造成的损害。

第三十九条　国家建立、健全环境与健康监测、调查和风险评估制度；鼓励和组织开展环境质量对公众健康影响的研究，采取措施预防和控制与环境污染有关的疾病。

第四章　防治污染和其他公害

第四十条　国家促进清洁生产和资源循环利用。

国务院有关部门和地方各级人民政府应当采取措施，推广清洁能源的生产和使用。

企业应当优先使用清洁能源，采用资源利用率高、污染物排放量少的工艺、设备以及废弃物综合利用技术和污染物无害化处理技术，减少污染物的产生。

第四十一条　建设项目中防治污染的设施，应当与主体工程同时设计、同时施工、同时投产使用。防治污染的设施应当符合经批准的环境影响评价文件的要求，不得擅自拆除或者闲置。

第四十二条　排放污染物的企业事业单位和其他生产经营者，应当采取措施，防治在生产建设或者其他活动中产生的废气、废水、废渣、医疗废物、粉尘、恶臭气体、放射性物质以及噪声、振动、光辐射、电磁辐射等对环境的污染和危害。

排放污染物的企业事业单位，应当建立环境保护责任制度，明确单位负责人和相关人员的责任。

重点排污单位应当按照国家有关规定和监测规范安装使用监测设备，保证监测设备正常运行，保存原始监测记录。

严禁通过暗管、渗井、渗坑、灌注或者篡改、伪造监测数据，或者不正常运行防治污染设施等逃避监管的方式违法排放污染物。

第四十三条　排放污染物的企业事业单位和其他生产经营者，应当按照国家有关规定缴纳排污费。排污费应当全部专项用于环境污染防治，任何单位和个人不得截留、挤占或者挪作他用。

依照法律规定征收环境保护税的，不再征收排污费。

第四十四条　国家实行重点污染物排放总量控制制度。重点污染物排放总量控制指标由国务院下达，省、自治区、直辖市人民政府分解落实。企业事业单位在执行国家和地方污染物排放标准的同时，应当遵守分解落实到本单位的重点污染物排放总量控制指标。

对超过国家重点污染物排放总量控制指标或者未完成国家确定的环境质量目标的地区，省级以上人民政府环境保护主管部门应当暂停审批其新增重点污染物排放总量的建设项目环境影响评价文件。

第四十五条 国家依照法律规定实行排污许可管理制度。

实行排污许可管理的企业事业单位和其他生产经营者应当按照排污许可证的要求排放污染物；未取得排污许可证的，不得排放污染物。

第四十六条 国家对严重污染环境的工艺、设备和产品实行淘汰制度。任何单位和个人不得生产、销售或者转移、使用严重污染环境的工艺、设备和产品。

禁止引进不符合我国环境保护规定的技术、设备、材料和产品。

第四十七条 各级人民政府及其有关部门和企业事业单位，应当依照《中华人民共和国突发事件应对法》的规定，做好突发环境事件的风险控制、应急准备、应急处置和事后恢复等工作。

县级以上人民政府应当建立环境污染公共监测预警机制，组织制定预警方案；环境受到污染，可能影响公众健康和环境安全时，依法及时公布预警信息，启动应急措施。

企业事业单位应当按照国家有关规定制定突发环境事件应急预案，报环境保护主管部门和有关部门备案。在发生或者可能发生突发环境事件时，企业事业单位应当立即采取措施处理，及时通报可能受到危害的单位和公众，并向环境保护主管部门和有关部门报告。

突发环境事件应急处置工作结束后，有关人民政府应当立即组织评估事件造成的环境影响和损失，并及时将评估结果向社会公布。

第四十八条 生产、储存、运输、销售、使用、处置化学物品和含有放射性物质的物品，应当遵守国家有关规定，防止污染环境。

第四十九条　各级人民政府及其农业等有关部门和机构应当指导农业生产经营者科学种植和养殖，科学合理施用农药、化肥等农业投入品，科学处置农用薄膜、农作物秸秆等农业废弃物，防止农业面源污染。

禁止将不符合农用标准和环境保护标准的固体废物、废水施入农田。施用农药、化肥等农业投入品及进行灌溉，应当采取措施，防止重金属和其他有毒有害物质污染环境。

畜禽养殖场、养殖小区、定点屠宰企业等的选址、建设和管理应当符合有关法律法规规定。从事畜禽养殖和屠宰的单位和个人应当采取措施，对畜禽粪便、尸体和污水等废弃物进行科学处置，防止污染环境。

县级人民政府负责组织农村生活废弃物的处置工作。

第五十条　各级人民政府应当在财政预算中安排资金，支持农村饮用水水源地保护、生活污水和其他废弃物处理、畜禽养殖和屠宰污染防治、土壤污染防治和农村工矿污染治理等环境保护工作。

第五十一条　各级人民政府应当统筹城乡建设污水处理设施及配套管网，固体废物的收集、运输和处置等环境卫生设施，危险废物集中处置设施、场所以及其他环境保护公共设施，并保障其正常运行。

第五十二条　国家鼓励投保环境污染责任保险。

第五章　信息公开和公众参与

第五十三条　公民、法人和其他组织依法享有获取环境信息、参与和监督环境保护的权利。

各级人民政府环境保护主管部门和其他负有环境保护监督管理职责的部门，应当依法公开环境信息、完善公众参与程序，为公民、法人和其他组织参与和监督环境保护提供便利。

第五十四条　国务院环境保护主管部门统一发布国家环境质量、重点污染源监测信息及其他重大环境信息。省级以上人民政府环境保护主管部门定期发布环境状况公报。

县级以上人民政府环境保护主管部门和其他负有环境保护监督

管理职责的部门，应当依法公开环境质量、环境监测、突发环境事件以及环境行政许可、行政处罚、排污费的征收和使用情况等信息。

县级以上地方人民政府环境保护主管部门和其他负有环境保护监督管理职责的部门，应当将企业事业单位和其他生产经营者的环境违法信息记入社会诚信档案，及时向社会公布违法者名单。

第五十五条　重点排污单位应当如实向社会公开其主要污染物的名称、排放方式、排放浓度和总量、超标排放情况，以及防治污染设施的建设和运行情况，接受社会监督。

第五十六条　对依法应当编制环境影响报告书的建设项目，建设单位应当在编制时向可能受影响的公众说明情况，充分征求意见。

负责审批建设项目环境影响评价文件的部门在收到建设项目环境影响报告书后，除涉及国家秘密和商业秘密的事项外，应当全文公开；发现建设项目未充分征求公众意见的，应当责成建设单位征求公众意见。

第五十七条　公民、法人和其他组织发现任何单位和个人有污染环境和破坏生态行为的，有权向环境保护主管部门或者其他负有环境保护监督管理职责的部门举报。

公民、法人和其他组织发现地方各级人民政府、县级以上人民政府环境保护主管部门和其他负有环境保护监督管理职责的部门不依法履行职责的，有权向其上级机关或者监察机关举报。

接受举报的机关应当对举报人的相关信息予以保密，保护举报人的合法权益。

第五十八条　对污染环境、破坏生态，损害社会公共利益的行为，符合下列条件的社会组织可以向人民法院提起诉讼：

（一）依法在设区的市级以上人民政府民政部门登记；

（二）专门从事环境保护公益活动连续五年以上且无违法记录。

符合前款规定的社会组织向人民法院提起诉讼，人民法院应当依法受理。

提起诉讼的社会组织不得通过诉讼牟取经济利益。

第六章　法律责任

第五十九条　企业事业单位和其他生产经营者违法排放污染物，受到罚款处罚，被责令改正，拒不改正的，依法作出处罚决定的行政机关可以自责令改正之日的次日起，按照原处罚数额按日连续处罚。

前款规定的罚款处罚，依照有关法律法规按照防治污染设施的运行成本、违法行为造成的直接损失或者违法所得等因素确定的规定执行。

地方性法规可以根据环境保护的实际需要，增加第一款规定的按日连续处罚的违法行为的种类。

第六十条　企业事业单位和其他生产经营者超过污染物排放标准或者超过重点污染物排放总量控制指标排放污染物的，县级以上人民政府环境保护主管部门可以责令其采取限制生产、停产整治等措施；情节严重的，报经有批准权的人民政府批准，责令停业、关闭。

第六十一条　建设单位未依法提交建设项目环境影响评价文件或者环境影响评价文件未经批准，擅自开工建设的，由负有环境保护监督管理职责的部门责令停止建设，处以罚款，并可以责令恢复原状。

第六十二条　违反本法规定，重点排污单位不公开或者不如实公开环境信息的，由县级以上地方人民政府环境保护主管部门责令公开，处以罚款，并予以公告。

第六十三条　企业事业单位和其他生产经营者有下列行为之一，尚不构成犯罪的，除依照有关法律法规规定予以处罚外，由县级以上人民政府环境保护主管部门或者其他有关部门将案件移送公安机关，对其直接负责的主管人员和其他直接责任人员，处十日以上十五日以下拘留；情节较轻的，处五日以上十日以下拘留：

（一）建设项目未依法进行环境影响评价，被责令停止建设，拒不执行的；

（二）违反法律规定，未取得排污许可证排放污染物，被责令停止排污，拒不执行的；

（三）通过暗管、渗井、渗坑、灌注或者篡改、伪造监测数据，或者不正常运行防治污染设施等逃避监管的方式违法排放污染物的；

（四）生产、使用国家明令禁止生产、使用的农药，被责令改正，拒不改正的。

第六十四条　因污染环境和破坏生态造成损害的，应当依照《中华人民共和国侵权责任法》的有关规定承担侵权责任。

第六十五条　环境影响评价机构、环境监测机构以及从事环境监测设备和防治污染设施维护、运营的机构，在有关环境服务活动中弄虚作假，对造成的环境污染和生态破坏负有责任的，除依照有关法律法规规定予以处罚外，还应当与造成环境污染和生态破坏的其他责任者承担连带责任。

第六十六条　提起环境损害赔偿诉讼的时效期间为三年，从当事人知道或者应当知道其受到损害时起计算。

第六十七条　上级人民政府及其环境保护主管部门应当加强对下级人民政府及其有关部门环境保护工作的监督。发现有关工作人员有违法行为，依法应当给予处分的，应当向其任免机关或者监察机关提出处分建议。

依法应当给予行政处罚，而有关环境保护主管部门不给予行政处罚的，上级人民政府环境保护主管部门可以直接作出行政处罚的决定。

第六十八条　地方各级人民政府、县级以上人民政府环境保护主管部门和其他负有环境保护监督管理职责的部门有下列行为之一的，对直接负责的主管人员和其他直接责任人员给予记过、记大过或者降级处分；造成严重后果的，给予撤职或者开除处分，其主要负责人应当引咎辞职：

（一）不符合行政许可条件准予行政许可的；

（二）对环境违法行为进行包庇的；

（三）依法应当作出责令停业、关闭的决定而未作出的；

（四）对超标排放污染物、采用逃避监管的方式排放污染物、造成环境事故以及不落实生态保护措施造成生态破坏等行为，发现或者接到举报未及时查处的；

（五）违反本法规定，查封、扣押企业事业单位和其他生产经营者的设施、设备的；

（六）篡改、伪造或者指使篡改、伪造监测数据的；

（七）应当依法公开环境信息而未公开的；

（八）将征收的排污费截留、挤占或者挪作他用的；

（九）法律法规规定的其他违法行为。

第六十九条　违反本法规定，构成犯罪的，依法追究刑事责任。

第七章　附　　则

第七十条　本法自2015年1月1日起施行。

附录3　中华人民共和国环境影响评价法

（2002年10月28日第九届全国人民代表大会常务委员会第三十次会议通过　根据2016年7月2日第十二届全国人民代表大会常务委员会第二十一次会议《关于修改〈中华人民共和国节约能源法〉等六部法律的决定》第一次修正　根据2018年12月29日第十三届全国人民代表大会常务委员会第七次会议《关于修改〈中华人民共和国劳动法〉等七部法律的决定》第二次修正）

目　　录

第一章　总　　则

第一条　为了实施可持续发展战略，预防因规划和建设项目实施后对环境造成不良影响，促进经济、社会和环境的协调发展，制定本法。

第二条　本法所称环境影响评价，是指对规划和建设项目实施后可能造成的环境影响进行分析、预测和评估，提出预防或者减轻不良环境影响的对策和措施，进行跟踪监测的方法与制度。

第三条　编制本法第九条所规定的范围内的规划，在中华人民共和国领域和中华人民共和国管辖的其他海域内建设对环境有影响的项目，应当依照本法进行环境影响评价。

第四条　环境影响评价必须客观、公开、公正，综合考虑规划或者建设项目实施后对各种环境因素及其所构成的生态系统可能造成的影响，为决策提供科学依据。

第五条　国家鼓励有关单位、专家和公众以适当方式参与环境影响评价。

第六条　国家加强环境影响评价的基础数据库和评价指标体系建设，鼓励和支持对环境影响评价的方法、技术规范进行科学研究，建立必要的环境影响评价信息共享制度，提高环境影响评价的科学性。

国务院生态环境主管部门应当会同国务院有关部门，组织建立和完善环境影响评价的基础数据库和评价指标体系。

第二章　规划的环境影响评价

第七条　国务院有关部门、设区的市级以上地方人民政府及其有关部门，对其组织编制的土地利用的有关规划，区域、流域、海域的建设、开发利用规划，应当在规划编制过程中组织进行环境影响评价，编写该规划有关环境影响的篇章或者说明。

规划有关环境影响的篇章或者说明，应当对规划实施后可能造成的环境影响作出分析、预测和评估，提出预防或者减轻不良环境影响的对策和措施，作为规划草案的组成部分一并报送规划审批机关。

未编写有关环境影响的篇章或者说明的规划草案，审批机关不予审批。

第八条　国务院有关部门、设区的市级以上地方人民政府及其有关部门，对其组织编制的工业、农业、畜牧业、林业、能源、水利、交通、城市建设、旅游、自然资源开发的有关专项规划（以下简称专项规划），应当在该专项规划草案上报审批前，组织进行环境影响评价，并向审批该专项规划的机关提出环境影响报告书。

前款所列专项规划中的指导性规划，按照本法第七条的规定进行环境影响评价。

第九条　依照本法第七条、第八条的规定进行环境影响评价的规划的具体范围，由国务院生态环境主管部门会同国务院有关部门规定，报国务院批准。

第十条　专项规划的环境影响报告书应当包括下列内容：

(一)实施该规划对环境可能造成影响的分析、预测和评估；

(二)预防或者减轻不良环境影响的对策和措施；

(三)环境影响评价的结论。

第十一条　专项规划的编制机关对可能造成不良环境影响并直接涉及公众环境权益的规划，应当在该规划草案报送审批前，举行论证会、听证会，或者采取其他形式，征求有关单位、专家和公众对环境影响报告书草案的意见。但是，国家规定需要保密的情形除外。

编制机关应当认真考虑有关单位、专家和公众对环境影响报告书草案的意见，并应当在报送审查的环境影响报告书中附具对意见采纳或者不采纳的说明。

第十二条　专项规划的编制机关在报批规划草案时，应当将环境影响报告书一并附送审批机关审查；未附送环境影响报告书的，审批机关不予审批。

第十三条　设区的市级以上人民政府在审批专项规划草案，作出决策前，应当先由人民政府指定的生态环境主管部门或者其他部门召集有关部门代表和专家组成审查小组，对环境影响报告书进行审查。审查小组应当提出书面审查意见。

参加前款规定的审查小组的专家，应当从按照国务院生态环境主管部门的规定设立的专家库内的相关专业的专家名单中，以随机抽取的方式确定。

由省级以上人民政府有关部门负责审批的专项规划，其环境影响报告书的审查办法，由国务院生态环境主管部门会同国务院有关部门制定。

第十四条　审查小组提出修改意见的，专项规划的编制机关应当根据环境影响报告书结论和审查意见对规划草案进行修改完善，并对环境影响报告书结论和审查意见的采纳情况作出说明；不采纳的，应当说明理由。

设区的市级以上人民政府或者省级以上人民政府有关部门在审批专项规划草案时，应当将环境影响报告书结论以及审查意见作为决策的重要依据。

在审批中未采纳环境影响报告书结论以及审查意见的，应当作出说明，并存档备查。

第十五条 对环境有重大影响的规划实施后，编制机关应当及时组织环境影响的跟踪评价，并将评价结果报告审批机关；发现有明显不良环境影响的，应当及时提出改进措施。

第三章 建设项目的环境影响评价

第十六条 国家根据建设项目对环境的影响程度，对建设项目的环境影响评价实行分类管理。

建设单位应当按照下列规定组织编制环境影响报告书、环境影响报告表或者填报环境影响登记表(以下统称环境影响评价文件)：

(一)可能造成重大环境影响的，应当编制环境影响报告书，对产生的环境影响进行全面评价；

(二)可能造成轻度环境影响的，应当编制环境影响报告表，对产生的环境影响进行分析或者专项评价；

(三)对环境影响很小、不需要进行环境影响评价的，应当填报环境影响登记表。

建设项目的环境影响评价分类管理名录，由国务院生态环境主管部门制定并公布。

第十七条 建设项目的环境影响报告书应当包括下列内容：

(一)建设项目概况；

(二)建设项目周围环境现状；

(三)建设项目对环境可能造成影响的分析、预测和评估；

(四)建设项目环境保护措施及其技术、经济论证；

(五)建设项目对环境影响的经济损益分析；

(六)对建设项目实施环境监测的建议；

(七)环境影响评价的结论。

环境影响报告表和环境影响登记表的内容和格式，由国务院生态环境主管部门制定。

第十八条 建设项目的环境影响评价，应当避免与规划的环境影响评价相重复。

作为一项整体建设项目的规划，按照建设项目进行环境影响评价，不进行规划的环境影响评价。

已经进行了环境影响评价的规划包含具体建设项目的，规划的环境影响评价结论应当作为建设项目环境影响评价的重要依据，建设项目环境影响评价的内容应当根据规划的环境影响评价审查意见予以简化。

第十九条 建设单位可以委托技术单位对其建设项目开展环境影响评价，编制建设项目环境影响报告书、环境影响报告表；建设单位具备环境影响评价技术能力的，可以自行对其建设项目开展环境影响评价，编制建设项目环境影响报告书、环境影响报告表。

编制建设项目环境影响报告书、环境影响报告表应当遵守国家有关环境影响评价标准、技术规范等规定。

国务院生态环境主管部门应当制定建设项目环境影响报告书、环境影响报告表编制的能力建设指南和监管办法。

接受委托为建设单位编制建设项目环境影响报告书、环境影响报告表的技术单位，不得与负责审批建设项目环境影响报告书、环境影响报告表的生态环境主管部门或者其他有关审批部门存在任何利益关系。

第二十条 建设单位应当对建设项目环境影响报告书、环境影响报告表的内容和结论负责，接受委托编制建设项目环境影响报告书、环境影响报告表的技术单位对其编制的建设项目环境影响报告书、环境影响报告表承担相应责任。

设区的市级以上人民政府生态环境主管部门应当加强对建设项目环境影响报告书、环境影响报告表编制单位的监督管理和质量考核。

负责审批建设项目环境影响报告书、环境影响报告表的生态环境主管部门应当将编制单位、编制主持人和主要编制人员的相关违法信息记入社会诚信档案，并纳入全国信用信息共享平台和国家企业信用信息公示系统向社会公布。

任何单位和个人不得为建设单位指定编制建设项目环境影响报告书、环境影响报告表的技术单位。

第二十一条 除国家规定需要保密的情形外，对环境可能造成重大影响、应当编制环境影响报告书的建设项目，建设单位应当在报批建设项目环境影响报告书前，举行论证会、听证会，或者采取其他形式，征求有关单位、专家和公众的意见。

建设单位报批的环境影响报告书应当附具对有关单位、专家和公众的意见采纳或者不采纳的说明。

第二十二条 建设项目的环境影响报告书、报告表，由建设单位按照国务院的规定报有审批权的生态环境主管部门审批。

海洋工程建设项目的海洋环境影响报告书的审批，依照《中华人民共和国海洋环境保护法》的规定办理。

审批部门应当自收到环境影响报告书之日起六十日内，收到环境影响报告表之日起三十日内，分别作出审批决定并书面通知建设单位。

国家对环境影响登记表实行备案管理。

审核、审批建设项目环境影响报告书、报告表以及备案环境影响登记表，不得收取任何费用。

第二十三条 国务院生态环境主管部门负责审批下列建设项目的环境影响评价文件：

（一）核设施、绝密工程等特殊性质的建设项目；

（二）跨省、自治区、直辖市行政区域的建设项目；

（三）由国务院审批的或者由国务院授权有关部门审批的建设项目。

前款规定以外的建设项目的环境影响评价文件的审批权限，由省、自治区、直辖市人民政府规定。

建设项目可能造成跨行政区域的不良环境影响，有关生态环境主管部门对该项目的环境影响评价结论有争议的，其环境影响评价文件由共同的上一级生态环境主管部门审批。

第二十四条　建设项目的环境影响评价文件经批准后，建设项目的性质、规模、地点、采用的生产工艺或者防治污染、防止生态破坏的措施发生重大变动的，建设单位应当重新报批建设项目的环境影响评价文件。

建设项目的环境影响评价文件自批准之日起超过五年，方决定该项目开工建设的，其环境影响评价文件应当报原审批部门重新审核；原审批部门应当自收到建设项目环境影响评价文件之日起十日内，将审核意见书面通知建设单位。

第二十五条　建设项目的环境影响评价文件未依法经审批部门审查或者审查后未予批准的，建设单位不得开工建设。

第二十六条　建设项目建设过程中，建设单位应当同时实施环境影响报告书、环境影响报告表以及环境影响评价文件审批部门审批意见中提出的环境保护对策措施。

第二十七条　在项目建设、运行过程中产生不符合经审批的环境影响评价文件的情形的，建设单位应当组织环境影响的后评价，采取改进措施，并报原环境影响评价文件审批部门和建设项目审批部门备案；原环境影响评价文件审批部门也可以责成建设单位进行环境影响的后评价，采取改进措施。

第二十八条　生态环境主管部门应当对建设项目投入生产或者使用后所产生的环境影响进行跟踪检查，对造成严重环境污染或者生态破坏的，应当查清原因、查明责任。对属于建设项目环境影响报告书、环境影响报告表存在基础资料明显不实，内容存在重大缺陷、遗漏或者虚假，环境影响评价结论不正确或者不合理等严重质量问题的，依照本法第三十二条的规定追究建设单位及其相关责任人员和接受委托编制建设项目环境影响报告书、环境影响报告表的技术单位及其相关人员的法律责任；属于审批部门工作人员失职、渎职，对依法不应批准的建设项目环境影响报告书、环境影响报告表予以批准的，依照本法第三十四条的规定追究其法律责任。

第四章　法律责任

第二十九条　规划编制机关违反本法规定，未组织环境影响评价，或者组织环境影响评价时弄虚作假或者有失职行为，造成环境影响评价严重失实的，对直接负责的主管人员和其他直接责任人员，由上级机关或者监察机关依法给予行政处分。

第三十条 规划审批机关对依法应当编写有关环境影响的篇章或者说明而未编写的规划草案，依法应当附送环境影响报告书而未附送的专项规划草案，违法予以批准的，对直接负责的主管人员和其他直接责任人员，由上级机关或者监察机关依法给予行政处分。

第三十一条 建设单位未依法报批建设项目环境影响报告书、报告表，或者未依照本法第二十四条的规定重新报批或者报请重新审核环境影响报告书、报告表，擅自开工建设的，由县级以上生态环境主管部门责令停止建设，根据违法情节和危害后果，处建设项目总投资额百分之一以上百分之五以下的罚款，并可以责令恢复原状；对建设单位直接负责的主管人员和其他直接责任人员，依法给予行政处分。

建设项目环境影响报告书、报告表未经批准或者未经原审批部门重新审核同意，建设单位擅自开工建设的，依照前款的规定处罚、处分。

建设单位未依法备案建设项目环境影响登记表的，由县级以上生态环境主管部门责令备案，处五万元以下的罚款。

海洋工程建设项目的建设单位有本条所列违法行为的，依照《中华人民共和国海洋环境保护法》的规定处罚。

第三十二条 建设项目环境影响报告书、环境影响报告表存在基础资料明显不实，内容存在重大缺陷、遗漏或者虚假，环境影响评价结论不正确或者不合理等严重质量问题的，由设区的市级以上人民政府生态环境主管部门对建设单位处五十万元以上二百万元以下的罚款，并对建设单位的法定代表人、主要负责人、直接负责的主管人员和其他直接责任人员，处五万元以上二十万元以下的罚款。

接受委托编制建设项目环境影响报告书、环境影响报告表的技术单位违反国家有关环境影响评价标准和技术规范等规定，致使其编制的建设项目环境影响报告书、环境影响报告表存在基础资料明显不实，内容存在重大缺陷、遗漏或者虚假，环境影响评价结论不正确或者不合理等严重质量问题的，由设区的市级以上人民政府生态环境主管部门对技术单位处所收费用三倍以上五倍以下的罚款；情节严重的，禁止从事环境影响报告书、环境影响报告表编制工作；有违法所得的，没收违法所得。

编制单位有本条第一款、第二款规定的违法行为的，编制主持人和主要编制人员五年内禁止从事环境影响报告书、环境影响报告表编制工作；构成犯罪的，依法追究刑事责任，并终身禁止从事环境影响报告书、环境影响报告表编制工作。

第三十三条　负责审核、审批、备案建设项目环境影响评价文件的部门在审批、备案中收取费用的，由其上级机关或者监察机关责令退还；情节严重的，对直接负责的主管人员和其他直接责任人员依法给予行政处分。

第三十四条　生态环境主管部门或者其他部门的工作人员徇私舞弊，滥用职权，玩忽职守，违法批准建设项目环境影响评价文件的，依法给予行政处分；构成犯罪的，依法追究刑事责任。

第五章　附　　则

第三十五条　省、自治区、直辖市人民政府可以根据本地的实际情况，要求对本辖区的县级人民政府编制的规划进行环境影响评价。具体办法由省、自治区、直辖市参照本法第二章的规定制定。

第三十六条　军事设施建设项目的环境影响评价办法，由中央军事委员会依照本法的原则制定。

第三十七条　本法自 2003 年 9 月 1 日起施行。

附录4　环境影响评价公众参与办法

《环境影响评价公众参与办法》已于2018年4月16日由生态环境部部务会议审议通过，现予公布，自2019年1月1日起施行。

生态环境部部长　李干杰

2018年7月16日

环境影响评价公众参与办法

第一条　为规范环境影响评价公众参与，保障公众环境保护知情权、参与权、表达权和监督权，依据《中华人民共和国环境保护法》《中华人民共和国环境影响评价法》《规划环境影响评价条例》《建设项目环境保护管理条例》等法律法规，制定本办法。

第二条　本办法适用于可能造成不良环境影响并直接涉及公众环境权益的工业、农业、畜牧业、林业、能源、水利、交通、城市建设、旅游、自然资源开发的有关专项规划的环境影响评价公众参与，和依法应当编制环境影响报告书的建设项目的环境影响评价公众参与。

国家规定需要保密的情形除外。

第三条　国家鼓励公众参与环境影响评价。

环境影响评价公众参与遵循依法、有序、公开、便利的原则。

第四条　专项规划编制机关应当在规划草案报送审批前，举行论证会、听证会，或者采取其他形式，征求有关单位、专家和公众对环境影响报告书草案的意见。

第五条　建设单位应当依法听取环境影响评价范围内的公民、法人和其他组织的意见，鼓励建设单位听取环境影响评价范围之外的公民、法人和其他组织的意见。

第六条　专项规划编制机关和建设单位负责组织环境影响报告书编制过程的公众参与，对公众参与的真实性和结果负责。

专项规划编制机关和建设单位可以委托环境影响报告书编制单位或者其他单位承担环境影响评价公众参与的具体工作。

第七条　专项规划环境影响评价的公众参与，本办法未作规定的，依照《中华人民共和国环境影响评价法》《规划环境影响评价条例》的相关规定执行。

第八条　建设项目环境影响评价公众参与相关信息应当依法公开，涉及国家秘密、商业秘密、个人隐私的，依法不得公开。法律法规另有规定的，从其规定。

生态环境主管部门公开建设项目环境影响评价公众参与相关信息，不得危及国家安全、公共安全、经济安全和社会稳定。

第九条　建设单位应当在确定环境影响报告书编制单位后7个工作日内，通过其网站、建设项目所在地公共媒体网站或者建设项目所在地相关政府网站(以下统称网络平台)，公开下列信息：

(一)建设项目名称、选址选线、建设内容等基本情况，改建、扩建、迁建项目应当说明现有工程及其环境保护情况；

(二)建设单位名称和联系方式；

(三)环境影响报告书编制单位的名称；

(四)公众意见表的网络链接；

(五)提交公众意见表的方式和途径。

在环境影响报告书征求意见稿编制过程中，公众均可向建设单位提出与环境影响评价相关的意见。

公众意见表的内容和格式，由生态环境部制定。

第十条　建设项目环境影响报告书征求意见稿形成后，建设单位应当公开下列信息，征求与该建设项目环境影响有关的意见：

(一)环境影响报告书征求意见稿全文的网络链接及查阅纸质报告书的方式和途径；

(二)征求意见的公众范围；

(三)公众意见表的网络链接；

(四)公众提出意见的方式和途径；

（五）公众提出意见的起止时间。

建设单位征求公众意见的期限不得少于10个工作日。

第十一条 依照本办法第十条规定应当公开的信息，建设单位应当通过下列三种方式同步公开：

（一）通过网络平台公开，且持续公开期限不得少于10个工作日；

（二）通过建设项目所在地公众易于接触的报纸公开，且在征求意见的10个工作日内公开信息不得少于2次；

（三）通过在建设项目所在地公众易于知悉的场所张贴公告的方式公开，且持续公开期限不得少于10个工作日。

鼓励建设单位通过广播、电视、微信、微博及其他新媒体等多种形式发布本办法第十条规定的信息。

第十二条 建设单位可以通过发放科普资料、张贴科普海报、举办科普讲座或者通过学校、社区、大众传播媒介等途径，向公众宣传与建设项目环境影响有关的科学知识，加强与公众互动。

第十三条 公众可以通过信函、传真、电子邮件或者建设单位提供的其他方式，在规定时间内将填写的公众意见表等提交建设单位，反映与建设项目环境影响有关的意见和建议。

公众提交意见时，应当提供有效的联系方式。鼓励公众采用实名方式提交意见并提供常住地址。

对公众提交的相关个人信息，建设单位不得用于环境影响评价公众参与之外的用途，未经个人信息相关权利人允许不得公开。法律法规另有规定的除外。

第十四条 对环境影响方面公众质疑性意见多的建设项目，建设单位应当按照下列方式组织开展深度公众参与：

（一）公众质疑性意见主要集中在环境影响预测结论、环境保护措施或者环境风险防范措施等方面的，建设单位应当组织召开公众座谈会或者听证会。座谈会或者听证会应当邀请在环境方面可能受建设项目影响的公众代表参加。

（二）公众质疑性意见主要集中在环境影响评价相关专业技术方法、导则、理论等方面的，建设单位应当组织召开专家论证会。

专家论证会应当邀请相关领域专家参加，并邀请在环境方面可能受建设项目影响的公众代表列席。

建设单位可以根据实际需要，向建设项目所在地县级以上地方人民政府报告，并请求县级以上地方人民政府加强对公众参与的协调指导。县级以上生态环境主管部门应当在同级人民政府指导下配合做好相关工作。

第十五条　建设单位决定组织召开公众座谈会、专家论证会的，应当在会议召开的 10 个工作日前，将会议的时间、地点、主题和可以报名的公众范围、报名办法，通过网络平台和在建设项目所在地公众易于知悉的场所张贴公告等方式向社会公告。

建设单位应当综合考虑地域、职业、受教育水平、受建设项目环境影响程度等因素，从报名的公众中选择参加会议或者列席会议的公众代表，并在会议召开的 5 个工作日前通知拟邀请的相关专家，并书面通知被选定的代表。

第十六条　建设单位应当在公众座谈会、专家论证会结束后 5 个工作日内，根据现场记录，整理座谈会纪要或者专家论证结论，并通过网络平台向社会公开座谈会纪要或者专家论证结论。座谈会纪要和专家论证结论应当如实记载各种意见。

第十七条　建设单位组织召开听证会的，可以参考环境保护行政许可听证的有关规定执行。

第十八条　建设单位应当对收到的公众意见进行整理，组织环境影响报告书编制单位或者其他有能力的单位进行专业分析后提出采纳或者不采纳的建议。

建设单位应当综合考虑建设项目情况、环境影响报告书编制单位或者其他有能力的单位的建议、技术经济可行性等因素，采纳与建设项目环境影响有关的合理意见，并组织环境影响报告书编制单位根据采纳的意见修改完善环境影响报告书。

对未采纳的意见，建设单位应当说明理由。未采纳的意见由提供有效联系方式的公众提出的，建设单位应当通过该联系方式，向其说明未采纳的理由。

第十九条　建设单位向生态环境主管部门报批环境影响报告书

前，应当组织编写建设项目环境影响评价公众参与说明。公众参与说明应当包括下列主要内容：

（一）公众参与的过程、范围和内容；

（二）公众意见收集整理和归纳分析情况；

（三）公众意见采纳情况，或者未采纳情况、理由及向公众反馈的情况等。

公众参与说明的内容和格式，由生态环境部制定。

第二十条 建设单位向生态环境主管部门报批环境影响报告书前，应当通过网络平台，公开拟报批的环境影响报告书全文和公众参与说明。

第二十一条 建设单位向生态环境主管部门报批环境影响报告书时，应当附具公众参与说明。

第二十二条 生态环境主管部门受理建设项目环境影响报告书后，应当通过其网站或者其他方式向社会公开下列信息：

（一）环境影响报告书全文；

（二）公众参与说明；

（三）公众提出意见的方式和途径。

公开期限不得少于10个工作日。

第二十三条 生态环境主管部门对环境影响报告书作出审批决定前，应当通过其网站或者其他方式向社会公开下列信息：

（一）建设项目名称、建设地点；

（二）建设单位名称；

（三）环境影响报告书编制单位名称；

（四）建设项目概况、主要环境影响和环境保护对策与措施；

（五）建设单位开展的公众参与情况；

（六）公众提出意见的方式和途径。

公开期限不得少于5个工作日。

生态环境主管部门依照第一款规定公开信息时，应当通过其网站或者其他方式同步告知建设单位和利害关系人享有要求听证的权利。

生态环境主管部门召开听证会的，依照环境保护行政许可听证的有关规定执行。

第二十四条 在生态环境主管部门受理环境影响报告书后和作出审批决定前的信息公开期间，公民、法人和其他组织可以依照规定的方式、途径和期限，提出对建设项目环境影响报告书审批的意见和建议，举报相关违法行为。

生态环境主管部门对收到的举报，应当依照国家有关规定处理。必要时，生态环境主管部门可以通过适当方式向公众反馈意见采纳情况。

第二十五条 生态环境主管部门应当对公众参与说明内容和格式是否符合要求、公众参与程序是否符合本办法的规定进行审查。

经综合考虑收到的公众意见、相关举报及处理情况、公众参与审查结论等，生态环境主管部门发现建设项目未充分征求公众意见的，应当责成建设单位重新征求公众意见，退回环境影响报告书。

第二十六条 生态环境主管部门参考收到的公众意见，依照相关法律法规、标准和技术规范等审批建设项目环境影响报告书。

第二十七条 生态环境主管部门应当自作出建设项目环境影响报告书审批决定之日起7个工作日内，通过其网站或者其他方式向社会公告审批决定全文，并依法告知提起行政复议和行政诉讼的权利及期限。

第二十八条 建设单位应当将环境影响报告书编制过程中公众参与的相关原始资料，存档备查。

第二十九条 建设单位违反本办法规定，在组织环境影响报告书编制过程的公众参与时弄虚作假，致使公众参与说明内容严重失实的，由负责审批环境影响报告书的生态环境主管部门将该建设单位及其法定代表人或主要负责人失信信息记入环境信用记录，向社会公开。

第三十条 公众提出的涉及征地拆迁、财产、就业等与建设项目环境影响评价无关的意见或者诉求，不属于建设项目环境影响评价公众参与的内容。公众可以依法另行向其他有关主管部门反映。

第三十一条 对依法批准设立的产业园区内的建设项目，若该产业园区已依法开展了规划环境影响评价公众参与且该建设项目性质、规模等符合经生态环境主管部门组织审查通过的规划环境影响报告书和审查意见，建设单位开展建设项目环境影响评价公众参与时，可以按照以下方式予以简化：

（一）免予开展本办法第九条规定的公开程序，相关应当公开的内容纳入本办法第十条规定的公开内容一并公开；

（二）本办法第十条第二款和第十一条第一款规定的 10 个工作日的期限减为 5 个工作日；

（三）免予采用本办法第十一条第一款第三项规定的张贴公告的方式。

第三十二条　核设施建设项目建造前的环境影响评价公众参与依照本办法有关规定执行。

堆芯热功率 300 兆瓦以上的反应堆设施和商用乏燃料后处理厂的建设单位应当听取该设施或者后处理厂半径 15 公里范围内公民、法人和其他组织的意见；其他核设施和铀矿冶设施的建设单位应当根据环境影响评价的具体情况，在一定范围内听取公民、法人和其他组织的意见。

大型核动力厂建设项目的建设单位应当协调相关省级人民政府制定项目建设公众沟通方案，以指导与公众的沟通工作。

第三十三条　土地利用的有关规划和区域、流域、海域的建设、开发利用规划的编制机关，在组织进行规划环境影响评价的过程中，可以参照本办法的有关规定征求公众意见。

第三十四条　本办法自 2019 年 1 月 1 日起施行。《环境影响评价公众参与暂行办法》自本办法施行之日起废止。其他文件中有关环境影响评价公众参与的规定与本办法规定不一致的，适用本办法。

附录 5　环境保护公众参与办法

第一条　为保障公民、法人和其他组织获取环境信息、参与和监督环境保护的权利，畅通参与渠道，促进环境保护公众参与依法有序发展，根据《环境保护法》及有关法律法规，制定本办法。

第二条　本办法适用于公民、法人和其他组织参与制定政策法规、实施行政许可或者行政处罚、监督违法行为、开展宣传教育等环境保护公共事务的活动。

第三条　环境保护公众参与应当遵循依法、有序、自愿、便利的原则。

第四条　环境保护主管部门可以通过征求意见、问卷调查，组织召开座谈会、专家论证会、听证会等方式征求公民、法人和其他组织对环境保护相关事项或者活动的意见和建议。

公民、法人和其他组织可以通过电话、信函、传真、网络等方式向环境保护主管部门提出意见和建议。

第五条　环境保护主管部门向公民、法人和其他组织征求意见时，应当公布以下信息：

（一）相关事项或者活动的背景资料；

（二）征求意见的起止时间；

（三）公众提交意见和建议的方式；

（四）联系部门和联系方式。

公民、法人和其他组织应当在征求意见的时限内提交书面意见和建议。

第六条　环境保护主管部门拟组织问卷调查征求意见的，应当对相关事项的基本情况进行说明。调查问卷所设问题应当简单明确、通俗易懂。调查的人数及其范围应当综合考虑相关事项或者活动的环境影响范围和程度、社会关注程度、组织公众参与所需要的人力和物力资源等因素。

第七条 环境保护主管部门拟组织召开座谈会、专家论证会征求意见的，应当提前将会议的时间、地点、议题、议程等事项通知参会人员，必要时可以通过政府网站、主要媒体等途径予以公告。

参加专家论证会的参会人员应当以相关专业领域专家、环保社会组织中的专业人士为主，同时应当邀请可能受相关事项或者活动直接影响的公民、法人和其他组织的代表参加。

第八条 法律、法规规定应当听证的事项，环境保护主管部门应当向社会公告，并举行听证。

环境保护主管部门组织听证应当遵循公开、公平、公正和便民的原则，充分听取公民、法人和其他组织的意见，并保证其陈述意见、质证和申辩的权利。

除涉及国家秘密、商业秘密或者个人隐私外，听证应当公开举行。

第九条 环境保护主管部门应当对公民、法人和其他组织提出的意见和建议进行归类整理、分析研究，在作出环境决策时予以充分考虑，并以适当的方式反馈公民、法人和其他组织。

第十条 环境保护主管部门支持和鼓励公民、法人和其他组织对环境保护公共事务进行舆论监督和社会监督。

第十一条 公民、法人和其他组织发现任何单位和个人有污染环境和破坏生态行为的，可以通过信函、传真、电子邮件、“12369”环保举报热线、政府网站等途径，向环境保护主管部门举报。

第十二条 公民、法人和其他组织发现地方各级人民政府、县级以上环境保护主管部门不依法履行职责的，有权向其上级机关或者监察机关举报。

第十三条 接受举报的环境保护主管部门应当依照有关法律、法规规定调查核实举报的事项，并将调查情况和处理结果告知举报人。

第十四条 接受举报的环境保护主管部门应当对举报人的相关

信息予以保密，保护举报人的合法权益。

第十五条　对保护和改善环境有显著成绩的单位和个人，依法给予奖励。

国家鼓励县级以上环境保护主管部门推动有关部门设立环境保护有奖举报专项资金。

第十六条　环境保护主管部门可以通过提供法律咨询、提交书面意见、协助调查取证等方式，支持符合法定条件的环保社会组织依法提起环境公益诉讼。

第十七条　环境保护主管部门应当在其职责范围内加强宣传教育工作，普及环境科学知识，增强公众的环保意识、节约意识；鼓励公众自觉践行绿色生活、绿色消费，形成低碳节约、保护环境的社会风尚。

第十八条　环境保护主管部门可以通过项目资助、购买服务等方式，支持、引导社会组织参与环境保护活动。

第十九条　法律、法规和环境保护部制定的其他部门规章对环境保护公众参与另有规定的，从其规定。

第二十条　本办法自 2015 年 9 月 1 日起施行。

附录6　建设项目环境影响评价信息公开机制方案

根据《生态文明体制改革总体方案》，为健全环境治理体系，完善环境信息公开制度，制定本方案。

一、总体要求

（一）指导思想。深入贯彻落实中共中央国务院《生态文明体制改革总体方案》和习近平总书记关于生态文明系列重要讲话精神，引导人民群众树立环境保护意识，保障公众依法有序行使环境保护知情权、参与权和监督权，加强环境影响评价工作的公开、透明，强化对建设单位的监督约束，推进环评“阳光审批”，实现建设项目环评信息的全过程、全覆盖公开，推进形成多方参与、全社会齐心共治的环境治理体系。

（二）基本原则

明确公开主体。建设单位是建设项目选址、建设、运营全过程环境信息公开的主体，是建设项目环境影响报告书（表）相关信息和审批后环境保护措施落实情况公开的主体；各级环境保护主管部门是建设项目环评政府信息公开的主体。

依法公开信息。依据《环境保护法》《大气污染防治法》《环境影响评价法》《政府信息公开条例》以及《环境信息公开办法（试行）》《企事业单位环境信息公开办法》等相关规定，信息公开主体依法依规公开建设项目环评信息，其中涉及国家秘密、商业秘密、个人隐私以及国家安全、公共安全、经济安全和社会稳定等内容，应当按国家有关法律、法规规定不予公开。

保障公众权益。通过健全建设项目环评信息公开机制，确保公众能够方便获取建设单位和环境保护主管部门建设项目环评信息，畅通公众参与和社会监督渠道，保障可能受建设项目环境影响的公众环境权益。

强化监督约束。健全环境保护主管部门内部环评信息监督机制，建立环境保护主管部门对建设单位环评信息公开约束机制，对未按相关规定履行环评信息公开义务的，依照相关规定追究其责任。

(三)主要目标。到2016年底，建立全过程、全覆盖的建设项目环评信息公开机制，保障公众对项目建设的环境影响知情权、参与权和监督权。

二、建立建设单位环评信息公开机制

(四)全面推进建设单位环评信息全过程公开。强化建设单位主体责任，明确建设单位既是建设项目环评公众参与和履行环境责任的主体，也是建设项目环评信息公开的主体，全面规范建设单位环评信息公开范围、公开时段、公开内容、公开程序、公开方式。

(五)公开环境影响报告书编制信息。根据建设项目环评公众参与相关规定，建设单位在建设项目环境影响报告书编制过程中，应当向社会公开建设项目的工程基本情况、拟定选址选线、周边主要保护目标的位置和距离、主要环境影响预测情况、拟采取的主要环境保护措施、公众参与的途径和方式等。

(六)公开环境影响报告书(表)全本。根据《大气污染防治法》，建设单位在建设项目环境影响报告书(表)编制完成后，向环境保护主管部门报批前，应当向社会公开环境影响报告书(表)全本，其中对于编制环境影响报告书的建设项目还应一并公开公众参与情况说明。报批过程中，如对环境影响报告书(表)进一步修改，应及时公开最后版本。

(七)公开建设项目开工前的信息。建设项目开工建设前，建设单位应当向社会公开建设项目开工日期、设计单位、施工单位和环境监理单位、工程基本情况、实际选址选线、拟采取的环境保护措施清单和实施计划、由地方政府或相关部门负责配套的环境保护措施清单和实施计划等，并确保上述信息在整个施工期内均处于公开状态。

（八）公开建设项目施工过程中的信息。项目建设过程中，建设单位应当在施工中期向社会公开建设项目环境保护措施进展情况、施工期的环境保护措施落实情况、施工期环境监理情况、施工期环境监测结果等。

（九）公开建设项目建成后的信息。建设项目建成后，建设单位应当向社会公开建设项目环评提出的各项环境保护设施和措施执行情况、竣工环境保护验收监测和调查结果。对主要因排放污染物对环境产生影响的建设项目，投入生产或使用后，应当定期向社会特别是周边社区公开主要污染物排放情况。

三、健全环境保护主管部门环评信息公开机制

（十）全面推进环境保护主管部门环评信息全过程公开。各级环境保护主管部门应当通过本部门政府网站公开环评相关法律、法规、规章及审批指南，公开建设项目环评审批、竣工环境保护验收和环评资质的受理、审查和审批决定等政府信息。

（十一）公开建设项目环境影响报告书（表）受理信息。各级环境保护主管部门在受理建设项目环境影响报告书（表）后，应当向社会公开项目名称、建设地点、建设单位、环评机构、受理日期等受理情况，并公开环境影响报告书（表）全本（除涉及国家秘密和商业秘密等内容外）。

（十二）公开建设项目环境影响报告书（表）审查信息。各级环境保护主管部门在对建设项目环境影响报告书（表）进行审查时，应当向社会公开项目名称、建设地点、建设单位、环评机构、项目概况、主要环境影响和环境保护对策与措施、建设单位开展的公众参与情况、相关部门意见等，告知申请人和利害关系人听证权利。

（十三）公开建设项目环境影响报告书（表）审批信息。各级环境保护主管部门在对建设项目环境影响报告书（表）作出批准或不予批准的审批决定后，应当向社会公开文件名称、文号、时间等审批情况并公开审批决定全文，告知申请人和利害关系人行政复议与行政诉讼权利。

（十四）公开建设项目全过程监管信息。在项目建设过程中，环境保护主管部门发现建设项目存在“未批先建”、擅自发生重大变动、不落实“三同时”及违法建成投入生产或使用等违法情况，应当向社会公开，同时公开对违法建设单位下达的限期整改、行政处罚等法律责任追究以及建设单位限期整改落实情况相关信息。建设项目投入生产或使用后，环境保护主管部门应当公开建设项目竣工环境保护验收结果。

（十五）公开环评资质管理信息。生态环境部向社会全面公开环评机构和从业人员的资质审查情况、批准结果以及对违规行为的处理情况。生态环境部政府网站设立环评资质信息专栏，将所有环评机构和从业人员的资质信息和诚信记录全部公开。地方各级环境保护主管部门通过本部门政府网站建立环评机构和环评人员诚信记录系统，向社会公布日常考核和年度考核情况。

（十六）发布重要环评政策信息。建立与媒体沟通机制，积极宣传环评领域主要工作进展及成果，解读最新发布的环评管理政策。对涉及环评的敏感、突发、重大事件及时发声、积极引导、正面宣传、做好解释。

（十七）依法做好依申请信息公开。各级环境保护主管部门除公开上述环评政府信息之外，还应当按照国家和地方有关政府信息公开规定，对公民、法人和其他组织申请获取其他环评政府信息依法按程序办理。

四、建立健全环评信息公开监督约束机制

（十八）加快修订相关法规规章。修订《建设项目环境保护管理条例》，建立建设项目环境保护管理全过程信息公开机制。修订《环境信息公开办法（试行）》，进一步强化环评信息公开相关规定。修订《建设项目环境影响评价公众参与暂行办法》，规范环评公众参与的范围、时段、内容、程序、方式等。

（十九）强化信息公开的监督约束。健全环境保护主管部门内部监督机制，对未按相关规定公开环评政府信息的有关环境保护主管部门，依据《政府信息公开条例》《环境信息公开办法（试行）》等相关规定，追究其行政责任或其他法律责任。建立环境保护主管部门对建设单位环评信息公开的约束机制，对未按《环境保护法》等相关规定公开建设项目环评信息开展公众参与、未按《大气污染防治法》公开环境影响报告书（表）全本的建设单位，环境保护主管部门不予受理和审批其建设项目环境影响报告书（表）；对未按相关规定公开其他环评信息的建设单位，依据相关规定追究其法律责任。

（二十）积极回应社会监督。环境保护主管部门可通过官方网站、开通官方微博和微信公众号等多种形式发布建设项目环评信息，对于公众反映的建设项目重要环境问题或举报的环评违法问题，应当依法予以核实处理并反馈。建设单位可通过互联网或其他媒体形式建立建设项目环评信息发布平台，对于公众反映的建设项目有关环境问题，应当给予高度关注并妥善解决。在建设项目立项前期、环境影响报告书（表）编制期、施工期和建成运营期，建立与公众信息沟通和意见反馈机制，履行好社会责任和环境责任。

附录7　电磁环境控制限值

（GB 8702—2014）

1　适用范围

本标准规定了电磁环境中控制公众曝露的电场、磁场、电磁场（1Hz~300GHz）的场量限值、评价方法和相关设施（设备）的豁免范围。

本标准适用于电磁环境中控制公众曝露的评价和管理。

本标准不适用于控制以治疗或诊断为目的所致病人或陪护人员曝露的评价与管理；不适用于控制无线通信终端、家用电器等对使用者曝露的评价与管理；也不能作为对产生电场、磁场、电磁场设施（设备）的产品质量要求。

2　规范性引用件

本标准引用下列文件或其中的条款。凡是不注明日期的引用文件，其最新版本适用于本标准。

HJ 681 交流输变电工程电磁环境监测方法（试行）

HJ/T 10.2 辐射环境保护管理导则电磁辐射监测仪器和方法

《环境监测管理办法》（国家环境保护总局令　第39号）

3　术语和定义

下列术语和定义适用于本标准。

3.1　电磁环境 electromagnetic environment

存在于给定场所的所有电磁现象的总和。

3.2　公众曝露 public exposure

公众所受的全部电场、磁场、电磁场照射，不包括职业照射和医疗照射。

3.3　电场 electric field

由电场强度与电通密度表征的电磁场的组成部分。

3.4　磁场 magnetic field

由磁场强度与磁感应强度表征的电磁场的组成部分。

3.5　电磁场 electromagnetic field

由电场强度、电通密度、磁场强度、磁感应强度等四个相互有关矢量确定的，与电流密度和体电荷密度一起表征介质或真空中的电和磁状态的场。

3.6　电场强度 electric field strength

矢量场量 $\boldsymbol{E}$，其作用在静止的带电粒子上的力等于 $\boldsymbol{E}$ 与粒子电荷的乘积，其单位为伏特每米(V/m)。

3.7　磁场强度 magnetic field strength

矢量场量 $\boldsymbol{H}$，在给定点，等于磁感应强度除以磁导率，并减去磁化强度，其单位为安培每米(A/m)。

3.8　磁感应强度 magnetic induction strength

矢量场量 $\boldsymbol{B}$，其作用在具有一定速度的带电粒子上的力等于速度与 $\boldsymbol{B}$ 矢量积，再与粒子电荷的乘积，其单位为特斯拉(T)。在空气中，磁感应强度等于磁场强度乘以磁导率 μ_0，即 $B=\mu_0 H$。

3.9　功率密度 power density

标量场量 $\boldsymbol{S}$，为穿过与电磁波的能量传播方向垂直的面元的功率除以该面元的面积的值，单位为瓦特每平方米(W/m^2)。

3.10　等效辐射功率 equivalent radiation power

在 1000MHz 以下，等效辐射功率等于发射机标称功率与对半波天线而言的天线增益(倍数)的乘积；在 1000MHz 以上，等效辐射功率等于发射机标称功率与对全向天线而言的天线增益(倍数)的乘积。

4　限值和评价方法

4.1　公众曝露控制限值

为控制电场、磁场、电磁场所致公众曝露，环境中电场、磁场、电磁场场量参数的方均根值应满足表 1 要求。

表 1　**公众曝露控制限值**

频率范围	电场强度 E(V/m)	磁场强度 H(A/m)	磁感应强度 B(μT)	等效平面波功率密度 S_{eq}(W/m²)
1Hz～8Hz	8 000	$32\ 000/f^2$	$40\ 000/f^2$	—
8Hz～25Hz	8 000	$4\ 000/f$	$5\ 000/f$	—
0.025kHz～1.2kHz	$200/f$	$4/f$	$5/f$	—
1.2kHz～2.9kHz	$200/f$	3.3	4.1	—
2.9kHz～57kHz	70	$10/f$	$12/f$	—
57kHz～100kHz	$4\ 000/f$	$10/f$	$12/f$	—
0.1MHz～3MHz	40	0.1	0.12	4
3MHz～30MHz	$67/f^{1/2}$	$0.17/f^{1/2}$	$0.21/f^{1/2}$	$12/f$
30MHz～3 000MHz	12	0.032	0.04	0.4
3 000MHz～15 000MHz	$0.22f^{1/2}$	$0.000\ 59f^{1/2}$	$0.000\ 74f^{1/2}$	$f/7\ 500$
15GHz～300GHz	27	0.073	0.092	2

注 1：频率 f 的单位为所在行中第一栏的单位。电场强度限值与频率变化关系见图 1，磁感应强度限值与频率变化关系见图 2。

注 2：0.1MHz～300GHz 频率，场量参数是任意连续 6 分钟内的方均根值。

注 3：100kHz 以下频率，需同时限制电场强度和磁感应强度；100kHz 以上频率，在远场区，可以只限制电场强度或磁场强度，或等效平面波功率密度，在近场区，需同时限制电场强度和磁场强度。

注 4：架空输电线路线下的耕地、园地、牧草地、畜禽饲养地、养殖水面、道路等场所，其频率 50Hz 的电场强度控制限值为 10kV/m，且应给出警示和防护指示标志。

对于脉冲电磁波，除满足上述要求外，其功率密度的瞬时峰值不得超过表 1 中所列限值的 1 000 倍，或场强的瞬时峰值不得超过表 1 中所列限值的 32 倍。

4.2　评价方法

当公众曝露在多个频率的电场、磁场、电磁场中时，应综合考虑多个频率的电场、磁场、电磁场所致曝露，以满足以下要求。

在 1Hz～100kHz 之间，应满足以下关系式：

$$\sum_{i=1\text{Hz}}^{100\text{kHz}} \frac{E_i}{E_{L,i}} \leqslant 1 \tag{1}$$

和

$$\sum_{i=1\text{Hz}}^{100\text{kHz}} \frac{B_i}{B_{L,\ i}} \leqslant 1 \tag{2}$$

式中：E_i——频率 i 的电场强度；

$E_{L,i}$——表 1 中频率 i 的电场强度限值；

B_i——频率 i 的磁感应强度；

$B_{L,i}$——表 1 中频率 i 的磁感应强度限值。

在 0. 1MHz～300GHz 之间，应满足以下关系式：

$$\sum_{j=0.1\text{MHz}}^{300\text{GHz}} \frac{E_j^2}{E_{L,\ j}^2} \leqslant 1 \tag{3}$$

和

$$\sum_{j=0.1\text{MHz}}^{300\text{GHz}} \frac{B_j^2}{B_{L,\ j}^2} \leqslant 1 \tag{4}$$

式中：E_j——频率 j 的电场强度；

$E_{L,j}$——表 1 中频率 j 的电场强度限值；

B_j——频率 j 的磁感应强度；

$B_{L,j}$——表 1 中频率 j 的磁感应强度限值。

5　豁免范围

从电磁环境保护管理角度，下列产生电场、磁场、电磁场的设施(设备)可免于管理：

——100kV 以下电压等级的交流输变电设施。

——向没有屏蔽空间发射 0. 1MHz～300GHz 电磁场的，其等效辐射功率小于表 2 所列数值的设施(设备)。

表 2　**可豁免设施(设备)的等效辐射功率**

频率范围(MHz)	等效辐射功率(W)
0. 1～3	300
>3～300 000	100

6　监测

电磁环境监测工作应按照《环境监测管理办法》和 HJ/T 10. 2、HJ 681 等国务院环境保护主管部门制定的国家环境监测规范进行。

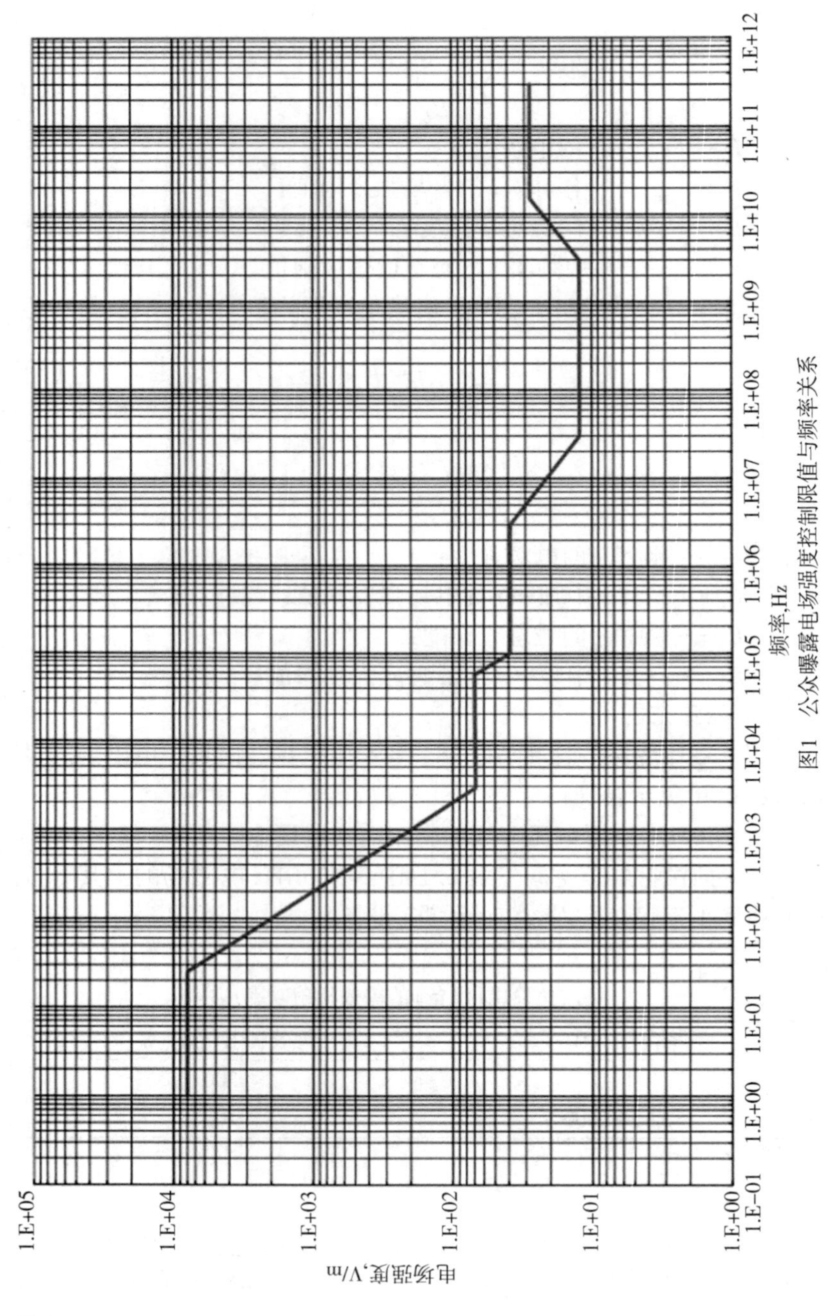

图1　公众曝露电场强度控制限值与频率关系

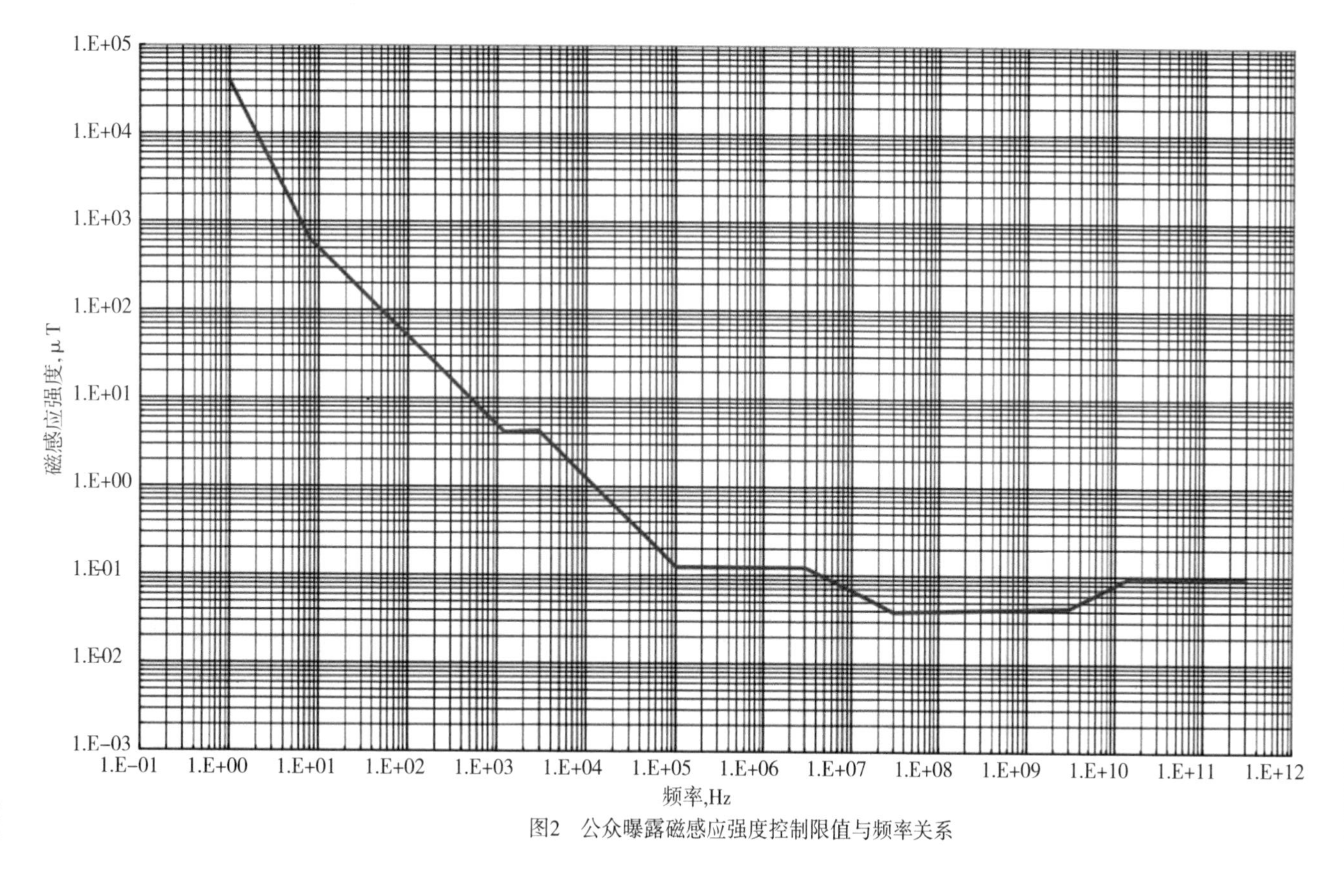

图2　公众曝露磁感应强度控制限值与频率关系

参考文献

[1]周丽旋. 邻避型环保设施环境友好共建机制研究：以生活垃圾焚烧设施为例[M]. 北京：化学工业出版社，2016.

[2]朱阳光，杨洁，邹丽萍，等. 邻避效应研究述评与展望[J]. 现代城市研究，2015(10)：100-107.

[3]王佃利，徐晴晴. 邻避冲突的属性分析与治理之道——基于邻避研究综述的分析[J]. 中国行政管理，2012(12)：85-90.

[4]苗书一. 电离辐射的性质及防护[C]//辽宁省环境科学学会2011年学术年会，2011.

[5]董松昭. 特高压输电线路邻近民房时畸变电场研究[D]. 保定：华北电力大学，2013.

[6]倪园，邬雄，张广洲，等. 浅谈电网环保中电磁场风险与沟通问题[C]. 高海拔地区输变电设施电磁环境学术会议，2010.

[7]彭友仙，唐波，张翼，等. 输变电工程电磁环保纠纷的防范及应对[J]. 电力科技与环保，2014，30(5)：1-4.

[8]张金帆，郭键锋，黄恒，等. 输变电工程电磁辐射环境管理存在的问题及解决对策研究[J]. 中国辐射卫生，2015，24(5)：517-519.

[9]张平，杨维耿. 电磁类建设项目环境管理现状、辐射问题及对策探讨[J]. 电力科技与环保，2011，27(4)：9-11.

[10]张起虹. 高压输变电项目的电磁环境管理[J]. 电力科技与环保，2008，24(4)：58-60.

[11]蒋昕. 广州城市电网工频电磁环境影响分析及建议[J]. 环境科学与管理，2011，36(2)：164-166.

[12]赵洪南. 浅谈目前输变电工程电磁环保纠纷的主要原因[J]. 中国科技博览，2010(36)：295-295.

[13]史玉柱，杨倩. 输变电工程电磁环境公众参与及环保对策探讨[J]. 电力科技与环保，2014，30(3)：8-10.
[14]樊东峰，张建立. 特高压输变电工程环保纠纷产生原因及对策探讨[J]. 华中电力，2011，24(4)：41-44.
[15]张金帆，郭键锋，黄恒，等. 输变电工程电磁辐射环境管理存在的问题及解决对策研究[J]. 中国辐射卫生，2015，24(5)：517-519.
[16]王守礼. 高压输电线路的环境保护[J]. 云南电力技术，2004(2)：11-14，58.
[17]王冠，陈栋梁，郭弘. 输变电工程的环境保护[J]. 电力科技与环保，2014，30(3)：4-7.
[18]毛文利，杨新村，李海平. 工频电场、磁场及高压输电线路的电场效应[J]. 浙江电力，2016，35(6)：26-29，52.
[19]毛文利，李建中. 浙江电网 SF_6 气体管理现状及建议[J]. 浙江电力，2012，31(8)：60-62.
[20]刘宁. 电网建设项目外部环境风险管理研究[D]. 重庆：重庆大学，2010.
[21]张运双. 基于风险控制理论与风险评估的电力安全管理[J]. 中国高新技术企业，2015(35)：180-182.
[22]徐柏城. 电力安全管理中的问题以及风险评估管理系统[J]. 科技与企业，2014(2)：55.
[23]周丽旋. 环境保护规划中的公众参与机制研究[A]. 中国环境科学学会，2013.
[24]中国环境科学学会学术年会论文集(第三卷)[C]. 中国环境科学学会，2013：7.
[25]王晟，毕成琼，蔡勇. 深化电网建设项目变更环评管理的工作举措[J]. 湖北电力，2015，39(S1)：24-25，56.
[26]蔡勇，王晟，孟碧波，张大国. 在环保新形势下的电网建设项目竣工环保验收工作管理提升[J]. 湖北电力，2015，39(S1)：26-28.
[27]孙天昊. 论邻避效应与安全经济效益[J]. 求索，2015(7)：96-100.

[28]郑惠莉，刘陈，翟丹妮. 基于雷达图的综合评价方法[J]. 南京邮电学院学报(自然科学版)，2001(2)：75-79.
[29]王永瑜. 雷达图定量综合评价方法中存在的问题及改进措施[J]. 统计教育，2007(1)：18-20.
[30]郭亚军. 综合评价理论与方法[M]. 北京：科学出版社，2002.
[31]国家电网基建〔2011〕1758号国家电网公司电网工程施工安全风险识别、评估及控制办法(试行)[Z]. 北京：国家电网公司，2011.
[32]王东，黄恒，罗启秀，张金帆. 深圳市电磁辐射环境现状及对策研究[J]. 环境科学与管理，2012，37(6)：33-36.
[33]方美兰. 输变电工程电磁环境问题引发的信访纠纷原因与对策思考[J]. 江西电力，2012，36(5)：22-23.
[34]寇建涛. 输变电工程项目风险管理研究[D]. 北京：华北电力大学(北京)，2008.
[35]何羿，赵智杰. 环境影响评价在规避邻避效应中的作用与问题[J]. 北京大学学报(自然科学版)，2013，49(6)：1056-1064.
[36]杨畅，朱琳，兰月新，张慧玉. 基于案例分析的群体性事件网络舆情传播规律及对策研究[J]. 现代情报，2014，34(10)：10-14，19.
[37]谭爽，胡象明. 邻避型社会稳定风险中风险认知的预测作用及其调控——以核电站为例[J]. 武汉大学学报(哲学社会科学版)，2013，66(5)：75-81.
[38]张向和. 垃圾处理场的邻避效应及其社会冲突解决机制的研究[D]. 重庆：重庆大学，2010.
[39]张颖. 邻避型设施区位分析系统的建立与应用[D]. 上海：华东师范大学，2007.
[40]李莹，刘学成. 对我国电磁辐射防护标准的几点建议[J]. 中国辐射卫生，2005，14(2)：157-158.
[41]黄小莉，姚必政. 输变电工程建设中的环境保护工作[J]. 黑龙江科技信息，2012(13)：46-46.
[42]Yong Gu. Bi-level Planning Model for NIMBY Facility Location Problem[A]. 中国自动化学会控制理论专业委员会. 第36届

中国控制会议论文集[C]. 中国自动化学会控制理论专业委员会，2017：6.

[43]王成芳，杜天苍. 城市变电站选址面临的尴尬及其对策思考[J]. 规划师，2008(2)：42-44.

[44]Carey Doberstein，Ross Hickey，Eric Li. Nudging NIMBY：Do positive messages regarding the benefits of increased housing density influence resident stated housing development preferences? [J]. Land Use Policy，2016：54.

[45]Maria A. Petrova. From NIMBY to acceptance：Toward a novel framework — VESPA — For organizing and interpreting community concerns[J]. Renewable Energy，2016：86.